学抠图

申志鹏 ——— 编著

Photoshop

专业抠图技法案例教程

人民邮电出版社

北 京

图书在版编目（CIP）数据

学抠图：Photoshop专业抠图技法案例教程 / 申志
鹏 编著. -- 北京：人民邮电出版社，2022.8（2023.8重印）
ISBN 978-7-115-58075-7

Ⅰ．①学… Ⅱ．①申… Ⅲ．①图像处理软件－教材
Ⅳ．①TP391.413

中国版本图书馆CIP数据核字（2021）第258997号

内 容 提 要

本书是一本关于 Photoshop 抠图的教程类图书。全书以选区为切入点，由浅入深地介绍各类抠图工具、命令，在每个知识点的后面都辅以大量的原理图与实操案例，使读者从理论和实战两方面掌握抠图技术，从而解决工作、学习、生活中的抠图难题。

全书共 8 章，包含 29 个实战案例。每一个抠图案例都采用"抠图效果展示→抠图思路分析→抠图操作步骤"的逻辑进行演示与讲解，力求让读者明白每一步操作背后的意义。此外，本书还在关键知识点、易错知识点处设置了技巧提示。随书提供所有实例素材文件、实例文件和在线教学视频，获取方式请查阅"资源与支持"页面。

抠图是一个很小的方面，却是平面领域非常重要的技能。本书适合有一定 Photoshop 操作基础的读者进行进阶学习，读者至少要对图层、蒙版、滤镜等命令的操作有一定了解。

◆ 编　著　申志鹏
　　责任编辑　杨　璐
　　责任印制　马振武

◆ 人民邮电出版社出版发行　　北京市丰台区成寿寺路 11 号
　　邮编　100164　　电子邮件　315@ptpress.com.cn
　　网址　http://www.ptpress.com.cn
　　廊坊市印艺阁数字科技有限公司印刷

◆ 开本：700×1000　1/16
　　印张：13　　　　　　　　　2022 年 8 月第 1 版
　　字数：362 千字　　　　　　2023 年 8 月河北第 3 次印刷

定价：79.90 元

读者服务热线：(010)81055410　印装质量热线：(010)81055316
反盗版热线：(010)81055315
广告经营许可证：京东市监广登字 20170147 号

关于本书

抠图作为平面设计和影视后期制作相关的专业技能，在过去相当长的时间内，对普通人来说是遥不可及的。但是随着自媒体的飞速发展，它已经走进了普通大众的视野，并与我们的生活息息相关。一个好的封面可以吸引观众，提高点击量；一张标准、干净的证件照可以抓住HR的眼球；一页漂亮的自我介绍PPT可以使领导很快地记住你……抠图的应用场景实在太多了，大到学习、工作，小到娱乐、休闲，都流传着它的"传说"。

创作目的

抠图有着如此重要的作用，但是市面上关于它的优质教程却很少，大部分教程只是讲解基础的抠图工具，很少会涉及高级的抠图命令。随着Photoshop版本的迭代，很多人更倾向于学习"一键抠图""智能抠图""插件抠图"，这本身没什么问题，但是过分依赖人工智能，会导致初学者基本功不扎实，在某些特定的情况下（例如换了一台计算机、恰好没有网络、没有插件可用等情况）无法完成抠图操作。鉴于此，本书所有的抠图操作都是围绕Photoshop 2021展开的，没有借助任何插件。在学习完本书后，读者收获的不仅仅是抠图技能，更为重要的是对Photoshop各项功能的深度理解及工作、生活的思维方式。

本书内容

本书共8章，包含29个实战案例。为了方便读者学习，本书所有实战抠图案例均提供教学视频。

第1章和第2章为读者介绍抠图的基本知识和选区的概念及相关操作，作为Photoshop的核心功能之一，选区是抠图的灵魂所在，在正式讲解抠图之前，认识选区是非常有必要的。

第3~5章为读者介绍选择并遮住命令、快速选择工具、魔棒工具、蒙版、钢笔工具等抠图工具和命令，每一个工具或每一条命令都有详细的参数解读与原理介绍，最后配合精心挑选的抠图案例，帮助读者掌握抠图技能。

第6~8章为读者介绍色彩范围、通道、调整图层等高级抠图技法。此部分给出的抠图案例的难度也有所增加，每章配置4~5个实战案例，涵盖了人像、宠物等诸多类别，无论是从事专业平面设计工作的设计人员，还是普通的修图爱好者，都能将本部分所讲的高级抠图技法应用到实际的工作、学习、生活中。

作者感言

作为一个非专业出身的平面设计爱好者，我从大二开始接触Photoshop，到现在已经有5年了，在度过了无数个与Photoshop各种参数"博弈"的日子后，我终于从一个Photoshop"小白"成长为别人眼中的"大佬"。一路走来，驱使我不断前进的不是Photoshop所带来的物质利益，而是我自身对Photoshop浓厚的兴趣。在这里我想跟各位读者说，你可以不是这个领域的专业人士，你也可以没有任何Photoshop基础，但是你不能失去对它的兴趣，它是你深入学习、面对一个又一个枯燥参数时的精神支柱。唯有热爱可抵岁月漫长，愿与君共勉！

最后，很开心能与人民邮电出版社合作，推出这本专门讲解Photoshop抠图的书。读者在学习过程中如果遇到任何问题，可以在图书售后服务群咨询，我很乐意为读者答疑解惑。另外，抠图方法千千万，本书案例中所展示的抠图方法仅代表我个人的思路，如果读者在学习过程中有不同的意见，欢迎指出。

版式说明

学习思路图： 本书通过学习思路图展示相关技术的学习要点，让读者在学习前有明确的学习目标。

思路分析： 针对案例进行制作前的分析，本书让读者明白为什么，而不是照搬操作步骤。

图 5-1

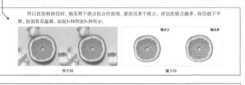

图 5-58　　图 5-59

原图和抠取效果如图5-111～图5-113所示。

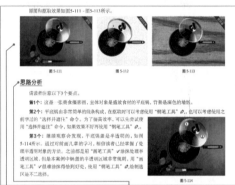

图 5-111　　图 5-112　　图 5-113

思路分析

请读者注意以下3个要点。

第1个： 这是一张美食摄影图。主体对象是盛放食材的平底锅，背景是深色的墙纸。

第2个： 平底锅由非常简单的线条构成，在抠取时可以考虑使用"钢笔工具" ，也可以考虑使用之前学过的"选择并遮住"命令。为了精益求精，可以先尝试使用"选择并遮住"命令。如果效果不好再使用"钢笔工具" 。

第3个： 继续观察原会发现，平底锅盖是半透明的，如图5-114所示。通过对前面几章的学习，相信读者已经掌握了处理半透明对象的方法。之前都是用"画笔工具" 涂抹处理半透明区域，但是本案例中锅盖的半透明区域非常规则，用"画笔工具" 很难涂抹得恰到好处，使用"钢笔工具" 绘制选区益不二选择。

图 5-114

案例效果展示： 分别包含原图、透明背景图和验证效果图，让读者能更清晰地观察相关效果。

思路分析： 针对案例进行思路分析，让读者明白为什么要这么操作，而不是照搬操作步骤。

抠图：Photoshop专业抠图技法案例教程

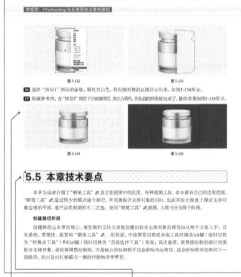

图 5-132　　图 5-133

06 选择"图层1"图层的蒙版，填充为白色，将右侧对称的区域显示出来，如图5-134所示。

07 隐藏参考线，在"图层2"图层下方添加阴影，填充为褐色，化妆品的抠图就完成了，最终效果如图5-135所示。

图 5-134　　图 5-135

5.5 本章技术要点

本章为读者介绍了"钢笔工具" 及它在抠图中的应用。几种抠图工具、命令都有自己的适用范围，"钢笔工具" 通过较少的锚点建立路径，在完成贴合主体对象的同时，也能在很大程度上保证主体对象边缘的平滑，是产品类抠图的不二之选。使用"钢笔工具" 抠图，大致可分为两个阶段。

创建路径阶段

创建路径是本章的核心，要想做到又快又准地创建出贴合主体对象的路径往往从两个方面入手：首先最快，想想快，想要用"钢笔工具" ，一用到底，中途需要切换或其他工具时借用Alt键（临时切换为"转换点工具"）和Ctrl键（临时切换为"直接选择工具"）实现；其次准，要想绘制的路径完美贴合主体对象，就需要调整控制柄，而且这个的控制柄不仅会影响当前路径，还会影响即将绘制的下一段路径，此时及时调整锚点一侧的控制柄非常重要。

详细步骤： 操作步骤通过详细的文字、参数面板图、实时效果来展示操作过程。

本章技术要点： 对这一章所讲的内容进行技术总结，帮助读者消化、理解。该部分仅在第3~8章出现。

此时平底锅盖的半透明效果就呈现出来了，可以通过锅盖看到水质背景。至此，本案例圆满结束，最终抠图效果如图5-125所示。

图 5-124　　图 5-125

技巧提示

本例中绘出的阴影强仅供参考，设置的灰度值偏低，将抠过出黑色，在要填满完后，锅盖的透明度偏高，当颜色为纯黑色，被没有到黑色了。

技巧提示： 在讲解过程中配有大量的技术性提示，帮助读者快速提升操作水平，掌握便捷的操作技巧。

案例训练： 结合参考线抠取化妆品

阅读说明与学习建议

在阅读过程中看到的"单击""双击"，意为单击或双击鼠标左键。

在阅读过程中看到的"按快捷键Ctrl+C"等内容，意为同时按这几个键。

在阅读过程中看到的"拖曳"，意为按住鼠标左键并拖动鼠标。

在阅读过程中看到的引号内容，意为软件中的命令、选项、参数或学习资源中的文件。

在阅读过程中可能会看到界面图被拆分并拼接的情况，这是为了满足排版需要，不会影响学习和操作。

在学完某项内容后，建议读者用所学知识对生活中的照片进行抠图，也可以对本书的项目实例进行二次创作，以此来巩固所学知识。

资源使用说明

本书的学习资源包含3个：素材文件、实例文件和视频文件。其中素材文件和实例文件需要下载，视频文件支持在线观看。下面分别说明它们的区别和用途。

素材文件：用于制作案例的素材，根据案例训练中素材文件的相关路径可以找到。

路径位置

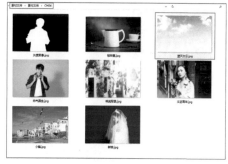

素材文件位置

实例文件：打开方式和文件路径操作与素材文件相同，区别在于实例文件是案例训练完成后的PSD文件，也就是说是最终成品文件，读者可以直接打开查看制作完成后的效果和图层信息。

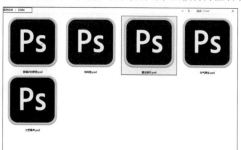

实例文件位置

文件效果

视频文件：全书的案例训练都包含教学视频，读者可以扫描"资源与支持"页面中的二维码，然后根据提示进行操作，观看教学视频。

资源与支持

本书由"数艺设"出品，"数艺设"社区平台（www.shuyishe.com）为您提供后续服务。

配套资源

实例文件
素材文件
在线教学视频

资源获取请扫码

"数艺设"社区平台，为艺术设计从业者提供专业的教育产品。

与我们联系

我们的联系邮箱是 szys@ptpress.com.cn。如果您对本书有任何疑问或建议，请您发邮件给我们，并请在邮件标题中注明本书书名及ISBN，以便我们更高效地做出反馈。

如果您有兴趣出版图书、录制教学课程，或者参与技术审校等工作，可以发邮件给我们。如果学校、培训机构或企业想批量购买本书或"数艺设"出版的其他图书，也可以发邮件联系我们。

如果您在网上发现针对"数艺设"出品图书的各种形式的盗版行为，包括对图书全部或部分内容的非授权传播，请您将怀疑有侵权行为的链接通过邮件发给我们。您的这一举动是对作者权益的保护，也是我们持续为您提供有价值的内容的动力之源。

关于"数艺设"

人民邮电出版社有限公司旗下品牌"数艺设"，专注于专业艺术设计类图书出版，为艺术设计从业者提供专业的图书、视频电子书、课程等教育产品。出版领域涉及平面、三维、影视、摄影与后期等数字艺术门类，字体设计、品牌设计、色彩设计等设计理论与应用门类，UI设计、电商设计、新媒体设计、游戏设计、交互设计、原型设计等互联网设计门类，环艺设计手绘、插画设计手绘、工业设计手绘等设计手绘门类。更多服务请访问"数艺设"社区平台www.shuyishe.com。我们将提供及时、准确、专业的学习服务。

目录

第1章 认识抠图 011

1.1 什么是抠图 012
1.1.1 找到主体对象 012
1.1.2 分离主体对象 012

1.2 为什么要学抠图 013
1.2.1 平面设计从业者 013
1.2.2 平面设计爱好者 015

1.3 抠图总方略 016
1.3.1 分多次抠图 017
1.3.2 从宏观上把控整体效果 019
1.3.3 "一招鲜,吃遍天" 020

第2章 抠图的秘诀——选区 021

2.1 选区的概念与原理 022
2.1.1 选区的概念 022
案例训练: 更换笔记本电脑壁纸 022
案例训练: 更换裙子颜色 025
2.1.2 选区的原理 027

2.2 选区的创建 028
2.2.1 分析图像 029
2.2.2 创建选区的方式 032

2.3 选区的存储 035
2.3.1 存储在Alpha通道中 036
2.3.2 存储在路径中 036
2.3.3 存储在蒙版中 036

2.4 选区的编辑 037
2.4.1 选区的基本操作 037
2.4.2 选区的修改 039
2.4.3 选区的布尔运算 040

第3章 快速抠图技法 041

3.1 "选择并遮住"命令 042
3.1.1 工具栏 043
3.1.2 "属性"面板 048

案例训练： 使用"选择并遮住"命令抠取摄影女孩 054

案例训练： 使用"边缘检测"命令抠取可爱的小猫咪 058

案例训练： 使用"对象选择工具"抠取诱人的美食 060

案例训练： 使用"选择并遮住"命令抠取绿色植物 064

3.2 快速选择工具、对象选择工具、主体命令 066

3.2.1 快速选择工具 066

3.2.2 对象选择工具 066

3.2.3 "主体"命令 067

3.3 魔棒工具 067

3.3.1 取样大小 068

3.3.2 容差 068

3.3.3 连续 069

案例训练： 使用"魔棒工具"抠取绿色植物 069

3.4 "天空"命令 070

3.5 本章技术要点 072

第4章 蒙版抠图技法 073

4.1 蒙版的原理 074

4.1.1 灰度图像 074

4.1.2 映射关系 076

案例训练： 使用灰度图像抠取帅气男生 076

4.2 蒙版的编辑 078

4.2.1 添加蒙版 078

4.2.2 删除蒙版 080

4.2.3 禁用蒙版 080

4.2.4 进入蒙版内部 081

4.2.5 填充蒙版 081

4.3 蒙版的好帮手——"画笔工具"与滤镜 082

4.3.1 画笔工具 082

4.3.2 抠图中与蒙版搭配的5个滤镜 084

案例训练： 使用"画笔工具"抠取穿婚纱的新娘 086

案例训练： 使用"天空"命令进行"魔法换天" 090

案例训练： 使用"画笔工具"和滤镜抠取文艺青年 093

案例训练： 使用"最小值"和"中间值"滤镜抠取咖啡壶 096

4.4 本章技术要点 098

第5章 钢笔工具抠图技法 099

5.1 贝塞尔曲线 100

5.1.1 贝塞尔曲线概述 100
5.1.2 锚点与控制柄 100

5.2 "钢笔工具"的属性栏 101
5.2.1 工具模式 101
5.2.2 橡皮带 105
5.2.3 自动添加/删除 105
5.2.4 其他参数 106

5.3 "钢笔工具"使用技巧 107
5.3.1 绘制路径 107
5.3.2 修改路径 113

5.4 "路径"面板 114
5.4.1 工作路径和永久路径 114
5.4.2 路径与选区的相互转换 115
5.4.3 Photoshop与Illustrator的联动 116
案例训练: 使用"钢笔工具"抠取耳机 116
案例训练: 使用"钢笔工具"抠取项链 119
案例训练: 使用"钢笔工具"抠取平底锅 122
案例训练: 结合参考线抠取化妆品 124

5.5 本章技术要点 126

第6章 色彩范围抠图技法 127

6.1 认识"色彩范围"命令 128
6.1.1 "色彩范围"命令概述 128
6.1.2 "色彩范围"命令与"魔棒工具" 129
6.1.3 使用"色彩范围"命令抠图的基本流程 133

6.2 "色彩范围"对话框参数解读 135
6.2.1 本地化颜色簇 135
6.2.2 预览窗口 136
6.2.3 选区预览 136
6.2.4 其他参数 138

6.3 "色阶"命令 139
6.3.1 "色阶"命令概述 139
6.3.2 "色阶"对话框参数解读 139
案例训练: 利用"色阶"命令处理灰度图像 141
案例训练: 使用"色彩范围"命令抠取草地上的小男孩 143
案例训练: 使用"色彩范围"命令抠取运动女生 147
案例训练: 使用"色彩范围"命令抠取桂花 149

6.4 本章技术要点 152

第7章 通道抠图技法 153

7.1 通道的原理与工作方式 154
7.1.1 通道的概念 154
7.1.2 通道的工作方式 154
7.1.3 Photoshop中的通道 155
案例训练: 使用通道为裙子换色 156

7.2 "通道"面板 158
7.2.1 复合通道与颜色通道的切换 158
7.2.2 以彩色方式显示颜色通道 159
7.2.3 新建/删除通道 159
7.2.4 载入通道中的选区 160

7.3 通道抠图的流程 160
7.3.1 全局使用通道抠图 160
7.3.2 局部使用通道抠图 162

7.4 通道的编辑 163
7.4.1 "应用图像"命令 164
7.4.2 画笔工具(叠加模式) 165
7.4.3 加深工具与减淡工具 168
7.4.4 "色阶"命令 169
案例训练: 使用"蓝"通道抠取可爱的宠物狗 170
案例训练: 使用多通道抠取春天的樱花 172
案例训练: 使用"钢笔工具"与通道抠取酒杯 176
案例训练: 使用"主体"命令和通道抠取夏日古镇美女 179

7.5 本章技术要点 182

第8章 其他抠图技法 183

8.1 调整图层抠图技法 184
8.1.1 Photoshop中的调整图层 184
8.1.2 利用调整图层抠取阴影 186
案例训练: 使用调整图层抠取西瓜 190
案例训练: 对冰块和阴影进行抠图 192

8.2 混合颜色带抠图技法 198
8.2.1 混合颜色带概述 198
8.2.2 参数解读 199
8.2.3 实用技巧 201
案例训练: 使用混合颜色带抠图技法合成烟花夜景 204
案例训练: 使用"转换为智能对象"命令和滤镜合成闪电 207

8.3 本章技术要点 208

第 **1** 章

认识抠图

一张精美的海报往往要经过很多道制作工序，主题、配色、装饰元素、光效等一样都不能少，而占据一幅海报最大面积与最佳位置的主体对象，则是要由前期摄影加后期抠图来搞定的。在一些要求不高的项目中，甚至可以省略前期摄影，直接使用现成的素材配合抠图得到主体对象。

抠图是Photoshop应用中比较基础、核心，且使用较为频繁的技能。本章将从3个方面来引导读者认识和理解抠图。通过本章的学习，读者可以搭建起Photoshop抠图的整体框架，从宏观上掌握抠图的概念。

学习重点　　　　　　　　　　　　　　　　　　　　🔍

什么是抠图　　　　　　　　　　　　　　　　　　　　　/012

为什么要学抠图　　　　　　　　　　　　　　　　　　　/013

抠图总方略　　　　　　　　　　　　　　　　　　　　　/016

1.1 什么是抠图

在Photoshop中，抠图是指把图片中的主体对象从原始图片中分离出来成为单独图层的过程。从这句话不难看出，抠图主要分为两步。

第1步： 找到主体对象。

第2步： 把主体对象从原始图片中分离出来。

1.1.1 找到主体对象

一张图片从抠图的角度可以分为主体对象和背景两种元素。图1-1所示为一张教室人像摄影图，图中有4位同学，其中3位同学都被虚化，唯独最前面的这位女生特别清晰。因此，从抠图的角度来讲，前面的这位女生为主体对象，其余的都可以看成背景。这种主次关系可以用图1-2所示的分离效果形象地表示出来，绿色部分表示主体对象，红色部分表示背景。

图1-1

图1-2

1.1.2 分离主体对象

在区分出主体对象和背景之后，下一步就需要将主体对象从背景中分离出来。这句话看似简单，执行时却充满挑战。抠图的主体对象可以是青春靓丽的"小姐姐"，可以是满脸胡须的NBA球员，可以是柔软可爱的毛绒玩具，也可以是盛有红酒的半透明高脚杯。因此，在现实生活中看到的所有对象，只要有需求，都有可能成为抠图的主体对象。主体对象的多样性、复杂性使得抠图操作很难有"一劳永逸"的方法。Photoshop提供了多种抠图工具和命令来应对复杂多变的情形，例如"魔棒工具" 、色彩范围、通道、蒙版等。后续章节将逐一介绍这些抠图工具和技法。

将主体对象选中后，需要将其从背景中"剥离"出来，使之成为一个单独的图层。为了方便读者理解，下面以三维的形式图解这一过程，如图1-3所示。

从背景中剥离出来的主体对象在Photoshop工作区中的显示效果如图1-4所示，Photoshop用一系列灰白相间的小方格来表示透明区域。通常，到这一步抠图就算完成了，后续的添加新背景、添加文字和添加装饰元素等操作已经属于图像合成的范畴了。通过本小节的学习，相信读者对抠图的整个过程已经有了大概的认识。

图1-3

图1-4

1.2 为什么要学抠图

对抠图有了初步的认识后，一个根本问题出现了——为什么要学抠图？笔者给出的答案是因为离不开它。大到商业海报、学校和公司的活动宣传图制作，小到证件照、班级和部门的合照制作等，都离不开抠图。

1.2.1 平面设计从业者

对于平面设计从业者，抠图是一项必不可少的技能。以制作海报为例，其本质就是把各种素材叠放到一起，而抠图的作用就是抠出需要的素材。

PNG免抠素材

带有透明背景的PNG免抠素材在海报合成中应用得非常广泛。随着互联网的发展，涌现出一批优秀的PNG免抠素材网站，使用这些网站提供的PNG免抠素材，能在制作海报时节省不少时间，提高制作效率。不过，PNG免抠素材网站存在以下两个问题。

第1个：从网站下载的免抠素材尺寸太小，当海报的尺寸较大时，不得不放大素材，这可能会使素材失真，素材的清晰度得不到保证，就会影响最终的出图效果。

第2个：在日常工作中，总会有一些冷门素材是网上没有的，如果不掌握抠图技能，那么海报合成将无法顺利进行。

网站中的免抠素材也是网友通过抠图制作并上传的，因此学会Photoshop抠图，在需要素材时便多了一个选择：当网站上没有合适的免抠素材时，可以自己抠图制作。根据用途，免抠素材大致可以分为装饰元素和场景图两种。

装饰元素

在一张海报中，有主体对象，就必然有装饰元素。有了装饰元素这片"绿叶"，才更能突出主体对象这朵"红花"，二者相辅相成，缺一不可。在一幅海报中，装饰元素常位于海报的边缘位置，在衬托主体对象的同时也可以辅助构图，避免海报因过度留白而产生空旷感。

图1-5所示是一张欢送毕业生的茶话会海报。通过观察可以发现，主标题和副标题共同构成了海报的主体对象，糕点、咖啡和几何图形作为装饰元素分布在主体对象的周围，既让海报显得生动有趣，又解决了大面积留白的问题，使海报整体构图更加合理。在这张海报中，糕点和咖啡是从免抠素材网站下载的，几何线条和图形则是通过Illustrator绘制的。

图1-6所示为新年联欢会的入场券。这张入场券融入了非常多的装饰元素，例如左侧的树、底部的波浪、右侧的剪纸、中间浅灰色的祥云。将这些装饰元素摆放在合适的位置后，整个入场券变得生动、活泼了起来，也更有新年味儿。

> 💡 **技巧提示**
>
> 免抠素材小而多，在制作海报时通常先确定主体对象，再利用装饰元素解决留白问题。

图 1-5 　　　　　　　　　　　　　　　　　　　　　　图 1-6

场景图

场景图不仅起着装饰作用，在海报中占比较大时，还起着奠定主题基调的作用。例如水墨山水画搭配书法字体，可以制作出如诗如画的中国风海报。

图1-7所示为一张水墨场景图，黑白水墨画彰显着浓郁的中国风色彩，远处若隐若现的群山，近处举目眺望的壮士，渲染出一种悲壮气氛。在这张水墨场景图中添加书法字体，一张海报就制作完成了，如图1-8所示。

图 1-7 　　　　　　　　　　　　　　　　　　　　　　图 1-8

电商海报

电商海报是Photoshop抠图的主要应用场景。如今电商购物行业发展迅速，各种促销活动层出不穷，为了吸引流量，制作出展示产品信息的海报就显得非常重要。电商类海报大致可分为专题页、商品详情页和Banner三大类，读者可以先了解它们的特点，以便寻找抠图的切入点。

专题页

一个店铺在介绍某一类产品时，通常会使用专题页海报，起导航和引流的作用。专题页海报一般设计成瀑布流的形式，可以给用户带来较好的阅读体验，如图1-9所示。

商品详情页

当用户在专题页海报中看中了某个商品，就会点击该商品，进入商品详情页。商品详情页海报能多角度地介绍产品的特点，使用户对产品有更深刻、全面的认识，如图1-10所示。

图 1-9 　　　　　　　　　　　　　图 1-10

Banner

Banner指的是横幅广告，此类海报多为横版。在公交站牌、地铁通道、大型商场、机场候机室等地方均能见到它们的身影，如图1-11所示。

图 1-11

1.2.2 平面设计爱好者

无论你是大学生还是上班族，抠图都是一项非常加分的技能。

制作证件照

当考取某个证书，在网上报名时需要上传蓝底的证件照，但你只有红底的证件照，你只好求助身边懂Photoshop的同学帮你把红底换成蓝底。当你满心欢喜地上传照片后，系统弹出警告"照片大小必须在20KB以下！"，如图1-12所示。万般无奈之下，你只得继续拜托同学帮你压缩图片，正在打游戏的同学出于礼貌中断了游戏并且成功地帮你解决了问题。向同学表达谢意后，你暗下决心："求人不如求己，从现在开始学抠图，等到下次再遇到类似的问题时，就可以自己解决了……"

图 1-12

修复集体照

马上要毕业了，学院组织老师和毕业生一起拍毕业集体照，某几位老师由于临时有事，无法赶来拍照，组织者通常会说："给没来的老师们留个位置，后期把他们"P"上去！"此时就要用到Photoshop抠图了。首先没来的老师需要提供一张自己的照片，接下来修图师利用Photoshop把它抠出来之后，再将其放到合照中进行调整。

此外，在拍集体照时，有一定经验的拍摄者通常会选择连拍模式，这是因为拍摄集体照时人数众多，难免会有人闭眼。但更多时候是即使使用了连拍模式，众多的照片中也没有一张所有人都睁眼的照片，此时Photoshop抠图就派上了用场。

假设照片1中只有人物A闭眼，此时，我们可以在连拍的照片中单独寻找一张人物A睁眼的照片，把人物A抠出来，替换掉照片1中的人物A，从而制作出所有人物都睁眼的完美集体照。操作流程如图1-13所示。

图 1-13

制作海报

明天是你和她恋爱一周年纪念日，除了精心准备的礼物之外，拍照发朋友圈肯定是少不了的。发自拍秀恩爱的方式太普遍了，所以这次你想为她制作一张漂亮的海报！

你在网上找了许久，终于找到一张满意的海报模板，配色青春靓丽，文案简洁明了，如图1-14所示。若是能再加上她微笑的脸庞，简直太合适了。现在万事皆备，只差主体对象，获得主体对象的唯一方式就是抠图了。首先挑选出一张合适的照片，然后利用Photoshop将她从背景中抠出来，再添加到海报模板中，最后配上合适的文案，"恋爱一周年纪念海报"就做好了。

图 1-14

💡 技巧提示

以上是笔者针对非平面设计专业人士所罗列出的3个常见的抠图应用情景，相信大部分读者都能感同身受。事实上，随着生活质量的提升，抠图将会成为一项常用的基本技能，与我们的工作、生活紧密联系在一起。

1.3 抠图总方略

不管做什么事，在具体实施之前都要有一个方向，这个方向从宏观上规定和约束了接下来的一系列行为动作。Photoshop抠图也是如此，拿到一张图后，要先对其进行分析，然后制订出大概的抠图思路，再细化到具体的抠图工具和命令。如果把抠图工具和命令比作人的四肢，那么抠图思路就是人的大脑，所有抠图行为都是抠图思路的具象化表现。

抠图思路是本书的重中之重，本书会花大量笔墨分析每一个案例并讲解抠图思路，通过循序渐进的引导，逐渐培养读者分析问题、解决问题的能力。在笔者看来，跳过思路分析直接去实操的行为无异于舍本逐末，没有自己的思路，就只能活在别人的影子里，永远离不开教程。本节在培养抠图思路方面起着至关重要的作用，请读者务必重视。

1.3.1 分多次抠图

在抠图中，主体对象存在高光、阴影、中间调等明暗特征，再加上复杂的背景，使得只抠一次就成功是一件十分困难的事情。背景单一、打光均匀、对比强烈的案例通常只来源于摄影棚等特定拍摄场景，而随手一拍的生活照才是常见的抠图对象。那么，更贴近生活、背景更复杂的案例要怎么处理呢？由此引出了抠图过程中的第1个大方略——分多次抠图。

在抠图中，主体对象经常会出现色调明暗程度不一致的情况，例如宠物狗的深色绒毛与浅色绒毛、人像中的棕黑色头发与浅色衣服等。遇到这类情形，分多次抠图就在所难免了。

宠物狗的绒毛

以图1-15所示的萌宠摄影图为例，其主体对象是一只可爱的宠物狗，背景是虚化的海边风景。对于这种细节较多的对象，通道是一个好的选择。3个通道下的图像情况如图1-6所示。可以发现，"蓝"通道下宠物狗的深色绒毛、浅色绒毛与背景的对比都比较强，因此可以初步确定使用"蓝"通道抠取绒毛。

图 1-15

图 1-16

进一步分析发现，虽然深色绒毛与浅色绒毛都可以使用"蓝"通道抠取，但是不可能一次性将两者同时抠出。在抠取深色绒毛时，势必要将深色绒毛调暗，使其逐渐变黑，将背景调亮，使其逐渐变白。而抠取浅色绒毛的调色过程则恰好相反，如图1-17所示。

图 1-17

经过分析，本案例的抠图思路如下。

第1步：宠物狗全身布满绒毛，细节较多，因此通道是一个好的选择。

第2步：观察"红""绿""蓝"3个通道的图像情况，发现在"蓝"通道下，深色绒毛与浅色绒毛同背景的对比均较强，因此可以使用"蓝"通道抠取绒毛。

第3步：在抠取深色绒毛和浅色绒毛时，色调调整方向恰好相反，因此需要复制两个"蓝"通道，分两次抠取。

通过对本案例的分析可知，在抠取深色绒毛与浅色绒毛时，虽然都使用"蓝"通道，但是由于绒毛颜色有深浅之分，所以需要分两次抠取。整个抠图思路如图1-18所示。

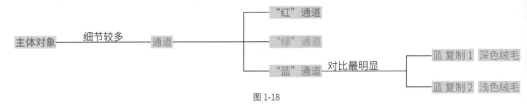

图1-18

女生的头发与衣服

图1-19所示校园人像摄影图的主体对象是一位漂亮的女生，背景是虚化的大学校园。通过对这张图片的分析，可以得出如下信息。

第1个： 主体对象的外轮廓由毛绒外套、手、树叶和头发4个部分组成，如图1-20所示。

图1-19

图1-20

第2个： 这4个部分的外轮廓根据细节的多少可以分为两类。手和树叶是一类，它们细节不多，轮廓清晰，适合使用"钢笔工具" ✐ 抠取；毛绒外套和头发是另一类，它们细节多且杂乱，并且与背景的对比较强，适合使用通道抠取。与前面宠物狗图片的案例类似，由于头发和毛绒外套的色调明暗程度不一致，因此在抠取这两部分时，需要使用不同的通道。"绿"通道中头发与背景对比较强，"蓝"通道中外套与背景对比较强，如图1-21所示。

"绿"通道　　　　　"蓝"通道

图1-21

相比宠物狗的案例，本案例在抠图分类上更进一步，首先根据主体对象边缘细节的多少进行一次分类，接着又根据头发、毛绒外套色调明暗的不同进行二次分类。整个抠图思路如图1-22所示。

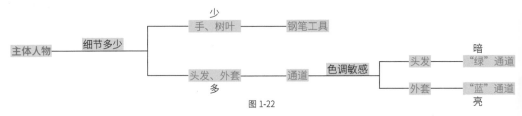

图1-22

💡 **技巧提示**

在笔者看来，分多次抠取有3个优点。

第1个： 提高效率。通过分割主体对象，将整个抠图过程分为若干阶段，每个阶段只需完成相应的抠图任务。虽然总的工作量没变，但是通过分割，人可以在短时间内将全部注意力集中在某个子任务上，这样就提高了完成子任务的工作效率，从而间接提高整体抠图的效率。

第2个：有成就感。每完成一项子任务都会获得阶段性的成功，这在带来满足感的同时也极大地增强了自信，这种稳扎稳打、循序渐进的沉浸感、充实感是一次性抠图不能带来的。

第3个：扩大抠图工具和命令的使用范围。在整体抠图时，每使用一个抠图工具或命令，都需要考虑它对整个图像的影响，正是由于这种牵一发而动全身的特性，很多初学者在抠图时畏首畏尾，降低抠图效率的同时也很难提高抠图质量。如果将主体对象分割成几个部分，那么我们不必统筹全局，只需要关注局部区域的图像，所以抠图工具和命令仿佛得到了"Buff加成"，变得十分好用。

1.3.2 从宏观上把控整体效果

得到只有主体对象的透明背景图绝不是抠图的终点，图像合成才是抠图的最终归宿。既然谈到图像合成，新背景的相关内容自然必不可少。抠图得到的主体对象与新背景的融合程度是评判抠图效果的一个重要标准，由此引出了抠图的另一大方略——从宏观上把控整体效果。

根据新背景灵活制订抠图策略

如果抠图过程中知道新背景是什么样的，就可以"对症下药"。例如，主体对象与背景有相似的边缘，在保证整体效果不变的前提下，可以在抠取主体对象时粗糙处理，这样能极大地提升抠图效率。

图1-23所示是一位漂亮女生在纯色背景下的照片，现在想在此基础上对这张照片进行小幅修改，例如在保持背景色系不变的前提下，换成颜色更深的背景，如图1-24所示。此时由于新背景与旧背景差别不大，在抠图时，女生的头发、衣服边缘就可以粗糙处理，即使带上一点旧背景也不会影响整体的合成效果。

图 1-23　　　　　　　　　　　　　图 1-24

图1-25所示为通过"钢笔工具" ✐ 进行粗糙抠图的效果，从透明背景中可以看出，女生手指、头发边缘都掺杂有旧背景，效果一般。但是将其放在新背景上，由于新旧背景色差别不大，因此头发边缘的旧背景完美融合到新背景中，整体效果依旧出色，如图1-26所示。

图 1-25　　　　　　　　　　　　　图 1-26

💡 技巧提示

从本案例可以看出，当新旧背景差别不大时，可以进行粗糙化抠图处理，利用简单的抠图工具快速制作出主体对象的选区，节省时间的同时也不会降低图像合成的质量。

对于极难抠的细节，该放弃就放弃

在抠取人物发丝和动物绒毛这类细节极多的对象前，要有一个觉悟——不可能也没必要把人物发丝、动物绒毛一根不落地全部抠取出来。在抠图时，要在时间和效率之间找到一个平衡点，因此对于那些远离主体对象的发丝、绒毛，在不影响整体效果的前提下，可以直接放弃。

图1-27所示为一位漂亮女生的湖边摄影图，受到微风的影响，女生的头发有一部分飘散在空中，这部分头发零碎且细小，属于比较难抠的细节，如图1-28所示。

图1-27   图1-28

对于这些细节发丝，有属于锦上添花，没有也无伤大雅，要是硬抠，除了需要过硬的基本功，还需要花费大量的时间。在时间充裕的情况下可以挑战自我，提升抠图水平，但是在绝大多数情况下，可直接放弃这些无关紧要的细节。因此，从宏观上把控整体效果的抠图方略，本质上就是追求效率。在实际抠图中，要注意以下两个要点。

第1点： 如果案例是用于练习的，那么效率就显得不那么重要了，此时可以切换为学习模式。通过追求极致，把某个抠图工具或命令研究透彻，达到练习的目的。

第2点： 如果案例是用于工作的，那么效率就变得非常重要，它的优先级有时候甚至会高过最终效果，此时就需要切换为工作模式了。在抠图过程中一定要统筹全局，以在规定时间内完成任务为目标，不影响整体效果的细节，可以粗糙处理，也可以直接放弃。

1.3.3 "一招鲜，吃遍天"

Photoshop发展至今，经过多个版本的迭代，工具和命令不断扩充，功能越来越强大，用Photoshop实现某个效果往往有多种方法。但是在实际工作中，我们更追求实际出图的显示效果与制作效率，至于用什么方法，就显得不那么重要了，由此引出抠图的另外一个策略——"一招鲜，吃遍天"。

看到这里，可能有读者会说："那你干脆教我们一个万能的抠图方法"。想法很好，但是很遗憾，在兼顾出图效果与制作效率的条件下，不存在万能的抠图方法。这也是为什么Photoshop会为我们提供多种多样的抠图工具和命令。在笔者看来，学习这些抠图工具和命令的原则有以下3点。

第1点： 熟悉每个抠图工具和命令，知道它们的适用场合。

第2点： 从众多的抠图工具和命令中挑选出一两个自己用着合适的，然后辅以大量案例反复练习，加深对工具和命令的理解，逐渐形成一套自己的抠图思路。

第3点： 在抠图时遇到常规的、多种方法都可以的素材，一律使用自己熟悉的"抠图招式"，只有在遇到非某个工具或命令不可的情况，才切换到相应的抠图模式。

"一招鲜，吃遍天"的抠图思想与当下追求抠图质量与抠图效率并存的想法不谋而合。笔者常用的一套抠图组合是"钢笔工具" ✐+通道，它们能解决90%以上的抠图问题。希望各位读者在阅读完本书后，能够练成一套适合自己的"抠图招式"，能够"一招鲜，吃遍天"。

第 **2** 章

抠图的秘诀——选区

如第1章所述，抠图就是将主体对象从背景中分离出来的过程。使用各种抠图工具和命令所进行的一系列操作，都是为了创建包含主体对象的选区。没有选区，就不会有抠图，选区就是抠图的秘诀。本章从选区的概念与原理入手，全面介绍与选区相关的知识，读者掌握选区后，使用各种抠图工具和命令时会更加得心应手。

学习重点 🔍

案例训练：更换笔记本电脑壁纸 .... /022

案例训练：更换裙子颜色 .... /025

2.1 选区的概念与原理

本节先从选区的概念入手，紧接着讲解两个案例，加深读者对选区的认知，最后介绍选区的原理，涉及灰度图像、羽化等概念。通过本节的学习，读者会对选区、灰度图像有一个基本的认识。本节的学习思路如图2-1所示。

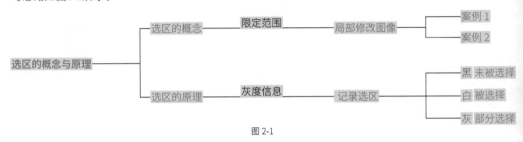

图 2-1

2.1.1 选区的概念

选区即选择区域。在Photoshop中，很多工具和命令的作用范围是整张图像，但是在多数情况下，我们只需要对图像的某一局部区域进行修改，这时就要用到选区的概念了。在修改图像之前，可以先限定一个范围，之后所有操作产生的效果都作用于这个范围内，通过这个范围解决局部图像修改的问题，这个范围就是选区。

简言之，Photoshop中的选区就是用来限定编辑操作的有效区域的。有了选区的限定，就可以对局部图像进行处理。接下来将通过两个案例来加深读者对选区的认识。

案例训练：更换笔记本电脑壁纸

素材文件	素材文件>CH02>笔记本电脑.png、壁纸1.jpg、壁纸2.jpg
实例文件	实例文件>CH02>案例训练：更换笔记本电脑壁纸.psd
视频文件	更换笔记本电脑壁纸.mp4
学习目标	加深对选区的认识，初步了解Photoshop样机

本例将"笔记本电脑.png"图片中电脑的桌面壁纸分别更换为"壁纸1.jpg"和"壁纸2.jpg"，对比效果如图2-2~图2-4所示。

图 2-2　　　　　　　　　　图 2-3　　　　　　　　　　图 2-4

思路分析

在操作前，一定要做好分析，笔者总结了以下3点。

第1点：既然是换壁纸，那新壁纸只作用于图片中电脑的屏幕区域，而不作用于整张图片，因此这是典型的选区应用场景。

第2点：观察原图可以发现，笔记本电脑的摆放位置是斜着的，屏幕并不正对我们。原本的矩形屏幕变成了平行四边形，这稍微增加了难度。

第3点：换壁纸这个需求可能不止一次，甚至同一次需求中新壁纸不止一张，为了提高效率，最好将其制作成样机(简单理解，就是模板的意思)。这样不仅速度快，而且出图效果好，新壁纸的位置也不会有任何偏差。

操作步骤

01 执行"文件>打开"菜单命令或按快捷键Ctrl+O，打开"素材文件>CH02"文件夹中的"笔记本电脑.png"素材文件，如图2-5所示。

02 打开素材图片后，发现"图层"面板中没有"背景"图层。如果读者不习惯这种显示方式，可以进行以下操作。选择"图层1"图层，在按住Ctrl键的同时单击"创建新图层"按钮➕，在当前图层的下方

新建一个空白图层，如图2-6所示。

图 2-5　　　　　　　　　　　　　　　　图 2-6

💡 **技巧提示**

如果这里不按住Ctrl键，直接单击"创建新图层"按钮➕，会在当前图层上方新建一个图层。按住Ctrl键的目的是在当前图层下方新建一个图层。

03 系统默认选中新建的图层，执行"图层>新建>背景图层"菜单命令，之前新建的空白图层即会变成"背景"图层，同时填充为白色，并且被锁定，如图2-7所示。此时的效果如图2-8所示。

图 2-7　　　　　　　　　　　　　　　　图 2-8

💡 **技巧提示**

部分读者在操作时可能会遇到背景变为其他颜色的情况，这是因为当前背景色不是白色，可以将背景色切换为白色后重复上述操作。

04 按M键，激活"矩形选框工具"▢，在属性栏设置"样式"为"固定比例"，"宽度"为16，"高度"为9，即将选区比例限定为16：9，如图2-9所示。

图 2-9

💡 **技巧提示**

在进行这一步操作的时候，读者可能会有以下两个疑问。

第1个：按M键后，为何没有激活"矩形选框工具"▢，而是激活了"椭圆选框工具"◯？如果出现这个问题，只需要按Shift+M组合键切换。当多个工具共用一个快捷键时，可以通过"Shift+工具快捷键"的方式来进行切换。

第2个：为什么要设置16：9的固定比例呢？这是因为本例笔记本电脑的屏幕宽高比是16：9(读者在遇到类似问题时一定要先确认)，这样设置在制作样机时可以使新壁纸的利用率最大，基本不会被裁剪。

05 使用"矩形选框工具" ⬚ 绘制一个16：9的矩形选区（没有大小限制），然后选择笔记本电脑素材所在的"图层1"图层，单击"创建新图层"按钮 ⊞，在其上方新建空白图层，并填充为红色，如图2-10所示。选择新建的"图层2"图层并右击，在弹出的快捷菜单中选择"转换为智能对象"命令，将其转换为智能对象，如图2-11所示。

06 为了方便观察，选择"图层2"图层，降低图层的不透明度。按快捷键Ctrl+T，激活自由变换控制框，在控制框中右击，在弹出的快捷菜单中选择"扭曲"命令，如图2-12所示。

| 图 2-10 | 图 2-11 | 图 2-12 |

💡 **技巧提示**

　　将图层转换为智能对象是制作样机的关键步骤，普通图层转换为智能对象后，只需双击智能对象的缩略图，就可以在PSD文件中进行二次编辑，非常方便。另外，不要忘记制作完成后按快捷键Ctrl+D取消选区。

07 依次将自由变换控制框上的4个控制柄移动到笔记本电脑屏幕的4个顶点处，使之刚好覆盖笔记本电脑屏幕，如图2-13所示。完成操作后，恢复"图层2"的"不透明度"为100%，效果如图2-14所示。

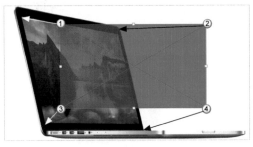 

| 图 2-13 | 图 2-14 |

08 双击"图层2"图层的缩略图，打开"图层2.psb"文件，这表示进入了智能对象的内部。执行"文件>置入嵌入对象"菜单命令，将"素材文件>CH02>壁纸1.jpg"嵌入"图层2.psb"中，调整其大小，使其刚好覆盖红色图层，如图2-15所示。

09 按快捷键Ctrl+S保存"图层2.psb"文件，切换回"笔记本电脑.png"文档窗口，可以发现"壁纸1"已经替换掉之前的红色图层成为电脑壁纸，更换壁纸成功，如图2-16所示。

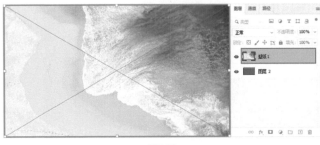 

| 图 2-15 | 图 2-16 |

按快捷键Ctrl+S后，会弹出提示对话框，单击"置入"按钮 置入(P) 即可完成修改，如图2-17所示。

图 2-17

10 双击"图层2"图层的缩略图，用相同的方法将"壁纸2.jpg"嵌入"图层2.psb"文件中，调整其大小，使之覆盖"壁纸1"图层后保存即可将壁纸替换为"壁纸2"，如图2-18所示。

图 2-18

训练总结

至此，相信读者对样机已经有了初步的认识，Photoshop中的样机就是一个智能对象，通过双击智能对象的缩略图，可以快速进入其内部进行编辑。本案例中只进行了一次"扭曲"操作，以后需要更换其他壁纸时，直接编辑智能对象即可，这样就提高了制作效率。

案例训练：更换裙子颜色

素材文件	素材文件>CH02>裙子.jpg
实例文件	实例文件>CH02>更换裙子颜色.psd
视频文件	更换裙子颜色.mp4
学习目标	掌握"色相/饱和度"的作用方式，对选区有进一步的理解

本例将对图中女孩的裙子颜色进行替换，替换前后的效果如图2-19和图2-20所示。

图 2-19

图 2-20

思路分析

对制作思路进行分析，主要有以下3点。

第1点： 本案例需要为裙子换颜色，这显然又是一个局部修改图像的需求，因此依旧离不开选区。

第2点：相比上个案例中的笔记本电脑屏幕，本案例中的裙子要复杂得多，如果不使用抠图工具和命令，创建选区将会十分困难。

第3点：裙子有一个明显区别于图片中其他对象的特征——红色。因此可以尝试使用一些与色彩有关的命令，例如"色相/饱和度"。

操作步骤

01 打开"素材文件>CH02"文件夹中的"裙子.jpg"素材文件，选择"背景"图层，按快捷键Ctrl+J复制图层，得到"图层1"图层，并隐藏"背景"图层，如图2-21所示。

02 选择"图层1"图层，单击"图层"面板下方的"创建新的填充或调整图层"按钮 ◔.，在弹出的菜单中选择"色相/饱和度"命令，为"图层1"图层添加调整图层，如图2-22所示。

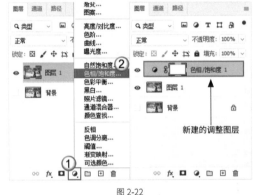

图 2-21   图 2-22

技巧提示

不论做什么工作，都要养成时刻备份的好习惯。这样做能有效防止数据丢失。存网盘、存本地、另存为PSD文件和按快捷键Ctrl+J复制，都是常见的备份方式。

03 双击"色相/饱和度1"图层的缩略图，打开"属性"面板，设置修改范围为"红色"，"色相"为"－40"，如图2-23所示。效果如图2-24所示。

图 2-23   图 2-24

04 细心的读者通过对比可能已经发现：裙子是变色了，但是女生头上的蝴蝶结也变成了紫色，并且远处的背景和人物皮肤部分也有点变紫，如图2-25所示的3处。

图 2-25

💡 技巧提示

出现这种情况并不难解释，步骤03中利用"色相/饱和度"命令调整了图片中红色区域的色相，但是红色区域并不仅限于裙子。因此，图片中凡是与红色"沾亲带故"的内容，都受到了不同程度的影响。

既然"色相/饱和度"命令默认情况下是对全图中的红色区域进行修改，那就人为地创建一个选区，让它只作用于这个区域中的红色，这样就可以达到目的。

05 删除已经创建的"色相/饱和度1"图层，将图片恢复为原始状态。按L键激活"多边形套索工具" ✂，沿女生的裙子拖曳绘制一个选区，如图2-26所示。

06 创建"色相/饱和度1"图层，此时调整图层的作用范围就被限定在选区内，同前面一样，设置修改范围为"红色"，"色相"为"－40"，效果如图2-27所示。

图 2-26   图 2-27

训练总结

有了选区的限定，"色相/饱和度"命令就只作用于裙子，不会对周围的背景产生影响，裙子颜色更换也就成功了。在给裙子换色的过程中，其实用到了以下两个选区。

第1个：选区1，使用"多边形套索工具"✂绘制的选区。

第2个：选区2，"色相/饱和度"图层中自带的红色选区。

第1个选区限定了"色相/饱和度"命令只能作用于选区1；第2个选区则更进一步，使"色相/饱和度"图层只作用于选区1的红色部分。选区1和选区2从本质上来讲并没有区别，只不过选区1是绘制的，选区2是"色相/饱和度"图层自带的，选区1有标志性的蚂蚁线，选区2则没有。

通过这两个案例我们知道，在Photoshop中设定某个工具或命令的作用范围时，有两种处理方式。

第1种：直接法。先绘制选区，指定作用范围，再使用相应的工具或命令。

第2种：间接法。某些命令本身会带有限定参数，通过改变这些参数，可以限制命令的作用范围，这种方式不会显示蚂蚁线，但是一样能实现局部修改图像的效果。

2.1.2 选区的原理

Photoshop是根据图像的灰度信息来记录选区的：白色代表被选择的区域；黑色代表未被选择的区域；灰色代表部分被选择的区域，即羽化区域。

图2-28所示的内容显示了选区的3种形式：左侧是比较直观的形式，它有着选区标志性的蚂蚁线，让人一眼看过去就知道它是一个矩形选区；中间的图像则是选区在Alpha通道中的形态，如同上面所描

述的那样，选区在Alpha通道中以灰度图像的形式存在，观察可知该灰度图像只有黑白二色，因此白色部分就是被选中的区域，黑色部分就是未被选中的区域；右侧的图像是选区的实际作用范围，通过观察可知，这部分区域正好对应着Alpha通道中的白色区域。

在图2-28所示的基础上，将矩形选区的羽化值设置为50px，效果如图2-29所示。对比两图，仅从选区形状的角度来看，矩形羽化后变成了圆角矩形。从Alpha通道来看，羽化后选区发生了巨大的变化，羽化前的Alpha通道内是非黑即白的灰度图像，羽化后除了黑白二色，还多了灰色。在Alpha通道中，灰色代表部分被选择的区域，正是有了这种灰色，才让最终选区的作用范围呈现出一种朦胧感。

图2-28   图2-29

💡 **技巧提示**

看到这里，有些读者可能会有疑问：黑白二色是确定的，但是灰色是不确定的，有接近白色的灰色，也有接近黑色的灰色，都用灰色去定义是不是不太准确？

确实，只用灰是无法描述五彩斑斓的灰度世界的，所以出现了灰度这个概念，即用不同的级别去定义不同程度的灰色。这部分知识将在通道的章节进行详细讲解。选区保存在通道中，因此，通道内的灰度图像就是Photoshop用于记录选区的灰度文件。Alpha通道是专门用来保存选区通道的，它会以灰度图像的形式存储选区。关于存储选区、Alpha通道的相关知识，将会在后续章节中详细讲解。

2.2 选区的创建

在对选区有了初步的认识之后，接下来就要创建选区了。不过在创建选区之前，还要对图像进行分析，只有对图像进行全面而透彻的分析，才能在众多的工具和命令中找出合适的来创建目标选区。因此，本节将围绕分析图像和创建选区的方式展开讲解。本节的学习思路如图2-30所示。

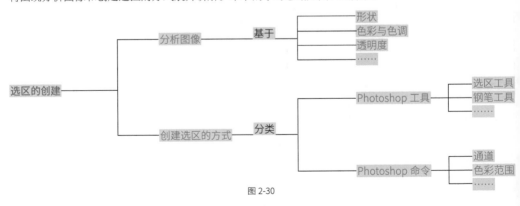

图2-30

2.2.1 分析图像

Photoshop提供了多种创建选区的方式，如果落实到具体的问题上，就需要挑选合适的工具或命令来创建选区。这是建立在前期图像分析基础之上的，分析图像可以从形状、色彩与色调和透明度这3个方面入手。

形状

在对主体对象进行分析时，可以通过分析主体对象边缘的复杂程度，对不同形状的主体对象制订不同的抠图策略。笔者归纳了如下3种类型。

第1种： 形状规则，线条简单。

在生活中，形状规则的对象随处可见，例如笔记本电脑、相机等数码类产品，以及洗发露、洗面奶等化妆类产品。它们由直线、圆弧构成，形状规则、线条简单，属于比较容易抠取的一类对象。在遇到这类对象时，通常会使用"矩形选框工具" □、"椭圆选框工具" ○、"多边形套索工具" ∅ 和"钢笔工具" ∅ 等进行抠取。

图2-31所示为一张办公室桌面图。如果想抠取笔记本电脑的屏幕，那么可以参考"案例训练：更换笔记本电脑壁纸"中的方法，借助"矩形选框工具" □ 和自由变换控制框完成。另外，还可以直接使用"多边形套索工具" ∅ 和"钢笔工具" ∅ 来完成。如果想抠取整个笔记本电脑，由于边缘有圆弧倒角，选框工具组的工具就有些不太合适了，此时可以使用"钢笔工具" ∅ 来操作。

图 2-31

第2种： 形状不规则，但边缘细节较少。

形状规则且线条简单的对象毕竟只是少数，在实际的抠图需求中，主体对象的形状往往是不规则的。它们的外形轮廓由不规则的曲线构成，例如水果、汽车、鼠标和T恤等，如图2-32所示。这类对象的形状不规则，但细节较少，抠取这类对象可以使用"钢笔工具" ∅ 沿对象边缘快速、准确地绘制选区。

图 2-32

第3种： 形状不规则，且边缘细节较多。

还有一类对象，它们不仅形状不规则，而且边缘细节非常多，例如宠物的绒毛、人物的发丝和生长茂密的树木等，如图2-33所示。在面对这类细节极多的对象时，不建议使用"钢笔工具" ∅ 抠取，因为不仅效率低，而且抠图效果差。通道、色彩范围往往是处理这类对象的利器，使用它们能够在较短时间内获得比较令人满意的选区，并且抠图效果还不错。

图 2-33

色彩与色调

除了对主体对象的形状进行分析外，色彩与色调也是拓宽抠图思路的"一扇门"。色彩很容易理解，就是主体对象的颜色与背景有明显区别；色调指的是高光、阴影和中间调，当主体对象与背景有着明显的明暗区别时，就可以从色调的角度入手创建选区。

色彩

图2-34所示为一张具有异域风情特色的小镇摄影图。小镇的建筑色彩各异，但是小镇的天空整体呈浅灰色，不仅在色彩上表现出高度的一致性，而且这种浅灰色与建筑物边缘的颜色有着巨大的反差。因此，如果想替换掉现有的天空，可以从色彩的角度入手，利用"色彩范围"命令快速、准确地去除现有天空，再换上一张新的天空照片，从而实现"魔法换天"，如图2-35所示。

图2-34   图2-35

🔵 **技巧提示**

读者也可以尝试使用最新版本Photoshop中的"天空替换"命令，高效实现"魔法换天"。

在实际生活中，作为抠图的主体对象，图2-34所示的这种色彩单一且颜色波动很小的天空并不多见，更多的情况是主体对象只有某一部分的色彩与背景差别较大。在这种情况下可以利用色彩差异，先把主体对象中与背景差异较大的那部分选区绘制出来，而不能用色彩差异处理的部分，再考虑使用其他方法。其实，这又回归到"分多次抠取"的策略上了。

观察图2-36所示的图片，女孩的裙子与背景有着明显的色彩差异，我们可以利用这种色彩差异先把裙子抠取出来，至于女孩的头发、手中的书本，可以另做打算，如图2-37所示，这就是分多次抠取。

图2-36   图2-37

色调

任何物体受到光照，都必然会产生受光面与背光面，因此就会产生色调上的差异。借助通道与蒙版，利用主体对象与背景在色调上的差异来绘制选区，是抠图中使用频率较高的一种方法。

本节的大部分素材其实都可以利用色调差异来抠图。以图2-33所示的宠物狗和女模特为例，宠物狗的白色绒毛在"蓝"通道下与背景对比明显，女模特的黑色头发在"蓝"通道下与背景对比明显，如

图2-38所示。同理，前面利用色彩差异进行抠图的图2-34和图2-36也可以通过色调差异来抠图，如图2-39所示。

图2-38　　　　　　　　　　　　　　　　　　　　图2-39

通过前面的举例分析可以看到，色调的应用场景要比色彩广，因为凡是与背景有明显色彩差异的对象，在色调上必然也会体现出较大的差异，但是反过来说就不一定了。这也解释了为什么通道要比色彩范围的应用场景多。关于通道与色彩范围的相关知识，将在后续章节展开详细论述。

透明度

透明的对象因带有透明度，所以在不同的背景下会呈现出不同的显示效果，如婚纱、玻璃杯和水晶球等。在对这类对象进行抠图时，切忌将图抠得太实，要留一些灰，这样换上新背景后，效果才好。使用通道、蒙版通常是处理这类对象的好方法。

这里以图2-40所示的图片为例，主体对象是一位身着婚纱的美丽新娘。如果想把深蓝色到黑色的渐变背景替换掉，就需要把新娘从背景中抠取出来。在抠图的过程中，如果没有意识到头纱的半透明属性，那么抠出的头纱就会太实，有一种密不透风的感觉，如图2-41所示。换上新背景后，新背景完全无法透过头纱显示出来，这样的图就显得非常奇怪，如图2-42所示。

图2-40　　　　　　　　　　图2-41　　　　　　　　　　图2-42

在2.1.2小节"选区的原理"中提到过，灰度图像的3种颜色（黑色、白色、灰色）分别对应了3种不同的选择状态（未选择、完全选择、部分选择）。因此，在利用通道进行抠图时，可以使头纱成为灰色，这样抠出的头纱就带有半透明属性，换上新背景后就会显得比较自然，如图2-43和图2-44所示。

图2-43　　　　　　　　　　　　　　　图2-44

2.2.2 创建选区的方式

Photoshop提供了多种创建选区的方式，主要分为"使用工具创建"和"使用命令创建"两大类。本小节将对相应工具和命令进行概述，帮助读者掌握创建选区的方法。关于这些创建选区的工具和命令的介绍，请读者注意以下两点。

第1点： 如果对抠图的用处很大，后面会有单独的章节进行详细讲解，因此本小节仅做简单描述，有个印象即可。

第2点： 如果对抠图的用处不大，后面就不会涉及了，那么本小节会写得稍微详细一点。

使用工具创建

为了方便读者学习和归类，这里将工具分为了选框工具组、套索工具组、选择工具组和钢笔工具组四大类，下面依次介绍。

选框工具组

选框工具组共包含4个工具，如图2-45所示。常用的是"矩形选框工具"[]，"椭圆选框工具"○用得比较少，"单行选框工具"━和"单列选框工具"┇用得更少。这组工具在抠图中较少使用，因此这里仅介绍两个与之有关联的抠图应用场景。

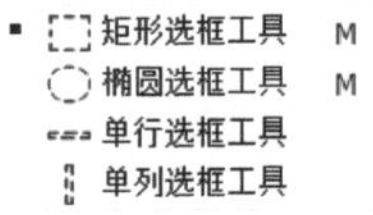

- [] 矩形选框工具　　M
- ○ 椭圆选框工具　　M
- ━ 单行选框工具
- ┇ 单列选框工具

图 2-45

第1个：使对象在选区居中。

熟悉Photoshop的读者应该知道，在"移动工具"✛的属性栏中，有一排灰色的按钮，如图2-46所示，主要用于控制图层的对齐与分布方式。只有同时选中两个及以上的图层时，它们才会被激活。但是在有选区的前提下，只选中一个图层，也可以使用"移动工具"✛属性栏中的对齐功能，利用这一特性，可以很方便地将某个对象对齐到指定的选区。使用"矩形选框工具"[]创建选区，然后选择目标图层，接着激活"移动工具"✛，依次单击"水平居中对齐"按钮♣和"垂直居中对齐"按钮♦，对象就会在选区居中显示，如图2-47所示。

第2个：测量某对象的尺寸。

在实际的工作和学习中，可能需要获取图像中的某块区域的具体尺寸（宽和高）。此时，可以使用"矩形选框工具"[]框选出目标对象，按F8键打开"信息"面板，"信息"面板中会显示当前选区的宽、高等相关信息，即对应目标对象的宽和高，如图2-48所示。

图 2-46

图 2-47

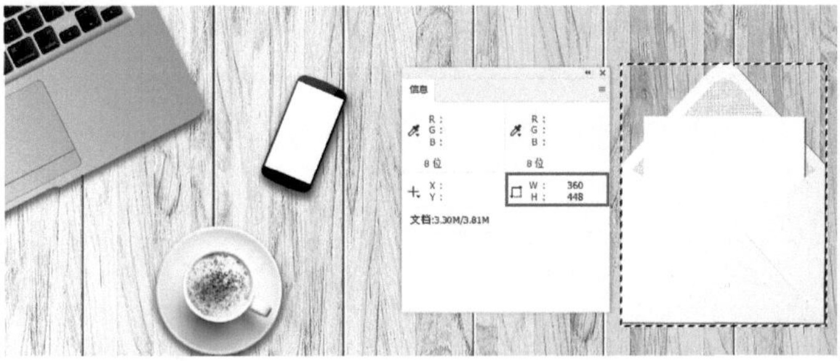

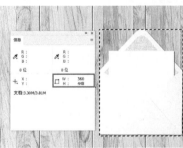

图 2-48

套索工具组

套索工具组共包含3个工具，如图2-49所示。其中"套索工具"○在创建选区时具有快速、灵活的特点,特别是在通道抠图中,使用"套索工具"可以快速将主体对象框选出来。

关于"套索工具"可在抠图中的优势,后面的章节还会讲到,这里就不详细讲述了。套索工具组剩下的两个工具使用频率较低,其中"多边形套索工具"可被"钢笔工具"完美代替,"磁性套索工具"要通过设置"容差"来控制吸附效果,且创建的选区往往锚点太多,容易出现选区不平滑、无法贴合对象的现象。

○ 套索工具		L
多边形套索工具		L
磁性套索工具		L

图 2-49

选择工具组

选择工具组共包含3个工具,如图2-50所示,"对象选择工具"是新增工具。用这3个工具创建目标选区非常方便、快速。在时间紧、抠图效果要求不高的情况下,用这些工具抠图是一个不错的选择。关于这组工具的应用,后面章节会详细介绍。

对象选择工具		W
快速选择工具		W
魔棒工具		W

图 2-50

钢笔工具组

钢笔工具组共包含6个工具,如图2-51所示,比较常用的是"钢笔工具"。使用"钢笔工具"可以绘制任意形状的路径,然后将路径转换为选区即可。"钢笔工具"是抠图主力之一,这里先强调一下它的重要性,后面会有专门的板块去解读它。

钢笔工具		P
自由钢笔工具		P
弯度钢笔工具		P
添加锚点工具		
删除锚点工具		
转换点工具		

图 2-51

使用命令创建

用于抠图的命令有很多,这里主要介绍"天空替换""修边""色彩范围""焦点区域""主体""天空""选择并遮住""扩大选取/选取相似""选取相似""通道"命令。

天空替换

"天空替换"是Photoshop 2021新增的功能,执行"编辑>天空替换"菜单命令,如图2-52所示,即可一键替换天空,提升抠图效率。图2-53~图2-56所示为替换天空前后的效果。

编辑(E)		
内容识别缩放	Alt+Shift+Ctrl+C	
操控变形		
透视变形		
自由变换(F)	Ctrl+T	
变换(A)	▶	
自动对齐图层...		
自动混合图层...		
天空替换...		

图 2-52

图 2-53

图 2-54

图 2-55

图 2-56

修边

执行"图层>修边"菜单命令，如图2-57所示，即可使用"修边"级联菜单中的相关命令进行抠图。

在抠取花卉、树木等边缘较复杂的对象时，抠取出的主体对象往往会带有背景的杂边。在透明背景下杂边不算太明显，可在纯色背景下，杂边就会非常明显，如图2-58所示。这时就可以使用"修边"命令来清除杂边。

图 2-57

图 2-58

选择主体对象所在的图层，执行"图层>修边>去边"菜单命令，在弹出的对话框中输入合适的宽度值，如图2-59所示，就可以去除掉一部分杂边。

图 2-59

色彩范围

执行"选择>色彩范围"菜单命令，如图2-60所示，即可根据颜色来创建选区。首先需要指定一个颜色作为基准色，然后拖曳"颜色容差"滑块来改变选择范围。"色彩范围"命令是一个比较常用的抠图命令，在后续章节会详细讲解。

焦点区域

执行"选择>焦点区域"菜单命令，如图2-61所示，即可打开"焦点区域"对话框进行详细参数设置。通过拖曳"焦点对准范围"滑块可以扩大或缩小选区，该命令有一定的智能识别功能。

图 2-60

图 2-61

主体

执行"选择>主体"菜单命令，如图2-62所示，Photoshop会自动判断当前图像的主体区域并将其选中，没有任何参数可以调整。

该命令对杂乱边缘的控制是比较精准的，图2-63所示为使用"主体"命令得到的抠图效果，可以看到即使在纯色背景下，花朵边缘的杂色也控制得相当好，但是"主体"命令并没有把花朵内部的背景色抠除掉，所以还需要配合其他抠图工具或命令进行处理。

图 2-62

图 2-63

天空

执行"选择>天空"菜单命令（Photoshop 2021新增功能），如图2-64所示，Photoshop会自动将当前图像中的天空部分创建为选区。"天空"命令和之前的"天空替换"命令类似，区别是前者只是将天空部分创建为选区，而后者则会在创建天空选区的同时为其替换新天空。

选择并遮住

执行"选择>选择并遮住"菜单命令，如图2-65所示，即可启动"选择并遮住"工作区进行精确选区的创建。"选择并遮住"命令也是调整边缘杂边的一种有效方法，配合"魔棒工具" ✦ 和"快速选择工具" ⊘ 使用，往往可以达到事半功倍的效果。

图 2-64

图 2-65

扩大选取/选取相似

"选择>扩大选取"或"选择>选取相似"菜单命令如图2-66所示。"扩大选取"和"选取相似"命令的使用方式类似，前提都需要有一个选区，执行命令后会在该选区的基础上进行扩大选取或者选取相似的操作。

图 2-66

通道

严格来说，通道并不是一个命令，通道的相关操作都集中在"通道"面板中，可以通过"窗口"菜单将其打开，"通道"面板如图2-67所示。通道内保存着选区的信息，但是当前通道中的选区信息往往不是所需的，因此需要对其进行二次编辑。当需要使用通道中的选区时，直接将其载入即可。关于选区的载入，将在2.4节详细介绍。

图 2-67

2.3 选区的存储

在创建出选区后，不要着急对选区进行各种操作，首先要做的是把选区保存起来，尤其是那种花了很多工夫才制作出的选区。保存选区操作平时看起来可能不起眼，可真正到了关键时候，它却能起大作用。不管是在工作中还是在生活中，备份都极为重要。本节将介绍选区的各种存储方法。本节的学习思路如图2-68所示。

图 2-68

2.3.1 存储在Alpha通道中

通道是选区的天然存储仓，已经创建的选区，如果后期需要二次调用，就需要将其保存在通道中。下面举例说明具体操作步骤。

01 在文档窗口中创建一个选区，这里以矩形选区为例，如图2-69所示。

02 切换到"通道"面板，单击"将选区存储为通道"按钮█，如图2-70所示，此时Photoshop会将当前的选区保存在Alpha 1通道中。

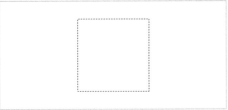

图 2-69

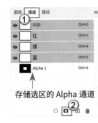

存储选区的 Alpha 通道

图 2-70

2.3.2 存储在路径中

选区也可以存储在路径中，需要的时候可以直接将路径转化为选区。当使用"钢笔工具"█绘制路径时，除了文档窗口上会显示一条路径外，"路径"面板还会生成一个"工作路径"，如图2-71所示。

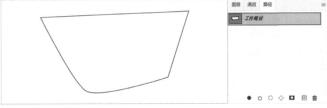

图 2-71

这个"工作路径"在再次绘制新路径之前会一直存在，不过一旦开始绘制新路径，新的路径就会直接覆盖掉原"工作路径"，这样一来原路径就丢失了。因为选区是靠路径转化而来的，因此路径丢失的同时也标志着选区存储的失败。

可见，利用"工作路径"保存选区不太保险，为了能够永久地保存选区，可以双击"工作路径"，此时会弹出"存储路径"对话框，设置名称后单击"确定"按钮（确定），如图2-72所示，即可将"工作路径"永久保存下来。

图 2-72

2.3.3 存储在蒙版中

选区还可以存储在蒙版中，在抠图的时候经常使用这种方式来保存选区，下面举例说明。

01 创建一个建筑物的选区，如图2-73所示。此时如果想把它保存起来，除了保存到Alpha通道中以外，还可以直接保存在图层蒙版中。保持选区的选中状态，在"图层"面板中单击"添加图层蒙版"按钮█，Photoshop会为当前图层创建一个图层蒙版，并且在蒙版中保存选区信息，如图2-74所示。

图 2-73

图 2-74

02 按住Alt键的同时单击蒙版缩略图，可以进入蒙版内部，如图2-75所示。可以看到蒙版内部也是灰度图像，与通道类似，白色代表可见，黑色代表不可见，灰色代表部分可见。

图 2-75

💡 **技巧提示**

以上就是保存选区常见的3种方法。在实际抠图操作中这3种方法都会被用到。注意，比技巧更重要的是养成时刻备份的习惯，否则即使学会了这3种方法，也不会去主动保存选区。

2.4 选区的编辑

在实际抠图中，可能由于各种原因需要对已有的选区进行二次编辑，因此掌握选区编辑的相关知识非常重要。本节将全面地介绍选区编辑的基础知识，让读者能够从容不迫地应对各种选区编辑需求。本节的学习思路如图2-76所示。

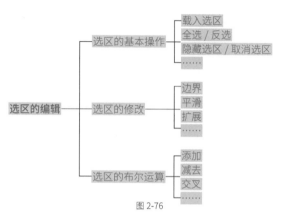

图 2-76

2.4.1 选区的基本操作

选区的编辑主要包含载入选区、全选、反选、隐藏选区、取消选区、重新选择和选区的自由变换，下面依次进行介绍。

载入选区

选区保存起来后，如果想再次使用，就需要载入选区，这里分通道/蒙版和路径两类讨论。

通道/蒙版

对于保存在通道、蒙版中的选区，这里只推荐一种载入方法：按住Ctrl键的同时单击通道或蒙版的缩略图，如图2-77所示。当文档窗口上出现蚂蚁线，就代表选区载入成功。

路径

对于保存在路径中的选区，推荐两种载入方法：一种是通用的在按住Ctrl键的同时单击路径缩略图；另外一种则是先在"路径"面板中选中路径，然后按快捷键Ctrl+Enter，将路径转化为选区。同理，文档窗口上出现蚂蚁线就代表选区载入成功，如图2-78所示。

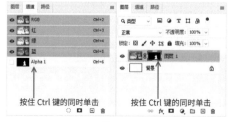

图 2-77

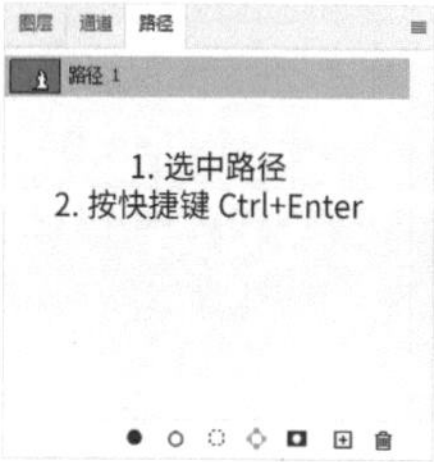

图 2-78

全选/反选

全选即全部选择，快捷键是Ctrl+A；反选即反向选择，快捷键是Ctrl+Shift+I。反选在抠图中经常使用，例如要选择图2-79所示画面中的小镇建筑，但是小镇建筑元素太多，此时可以引入反选的思路，先选择天空，之后再进行反选。如此一来，选小镇建筑就变成了选天空，换了主体对象，难度一下子就降下来了。

图 2-79

隐藏选区/取消选区/重新选择

隐藏选区

因为选区带有蚂蚁线，有时候在观察整体效果时会阻碍视线，所以可以暂时去掉选区蚂蚁线，待观察完效果之后，再将其恢复。如果有这个需求，可以通过"隐藏选区"命令来实现，快捷键是Ctrl+H。按一次，选区隐藏，再按一次，选区显示。

取消选区

如果觉得当前的选区没用了，就需要取消选区，快捷键是Ctrl+D。

重新选择

当取消选区后，如果需要将其恢复，除了可以使用快捷键Ctrl+Z撤销取消操作外，还可以按快捷键Ctrl+Shift+D来重新选择。

💡 **技巧提示**

看到这里有人可能会问，既然可以使用快捷键Ctrl+Z撤销操作，那为什么还要掌握快捷键Ctrl+Shift+D呢？

请读者注意，笔者刚刚举的例子有点特殊，特殊之处在于上一步取消了选区，下一步就恢复。对于这种情况，使用快捷键Ctrl+Z是便捷的。但是在很多场合，往往是在取消选区之后又进行了许多操作，才需要还原之前的选区，在这种情况下使用快捷键Ctrl+Z就非常麻烦，不仅中间做的很多操作全都白费，而且Photoshop的撤销是有步数限制的，当超过规定的步数后，通过快捷键Ctrl+Z就无法还原了，因此需要掌握快捷键Ctrl+Shift+D。

选区的自由变换

与图层一样，选区也可以进行自由变换，读者都知道图层自由变换的快捷键是Ctrl+T，那么选区自由变换的快捷键也是Ctrl+T吗？答案是不一定。只有在一种情况下，按快捷键Ctrl+T才能正确地对选区进行自由变换，即选中"背景"图层，按快捷键Ctrl+T，如图2-80所示。

如果是其他情况，要么直接提示错误信息，要么会连同图层中的内容一同变换，这些都不能达到变换选区的目的，感兴趣的读者可以试一下。因此，通过快捷键Ctrl+T对选区进行自由变换是不推荐的。这里推荐的方法是将鼠标指针悬停在选区内部并右击，在弹出的快捷菜单中选择"变换选区"命令，如图2-81所示。

图 2-80

图 2-81

2.4.2 选区的修改

除了自由变换外，Photoshop还提供了另外一组修改选区的命令，它们位于"选择"菜单下的"修改"级联菜单中，如图2-82所示。

边界

在执行"选择>修改>边界"菜单命令打开的"边界选区"对话框中设置"宽度"数值，如图2-83所示，Photoshop会以该值为基准，将原有的选区分别向内或向外扩展，形成一个包围原选区的边界选区。

图 2-82

图 2-83

平滑

在执行"选择>修改>平滑"菜单命令打开的"平滑选区"对话框中设置"取样半径"数值，可以使选区中锐利的边角变得平缓，如图2-84所示。

扩展

在执行"选择>修改>扩展"菜单命令打开的"扩展选区"对话框中设置"扩展量"数值，Photoshop将按照指定数量的像素向外扩展选区，如图2-85所示。

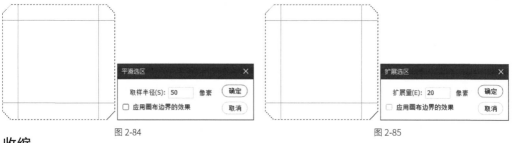

图 2-84

图 2-85

收缩

与"扩展"命令恰好相反，"收缩"命令会使选区向内收缩，如图2-86所示。

羽化

"羽化"命令能虚化选区内外的衔接部分。从选区的角度来看，羽化前后变化不大，从效果上看，羽化后选区的边缘会有一种朦胧感，如图2-87所示。根据前文讲解的原理可以知道，形成这种朦胧感的关键是灰度图像中的灰色区域。

图 2-86

图 2-87

💡 **技巧提示**

"修改"级联菜单中的这5个命令在抠图中经常使用，但是它们都有一个缺点——无法实时预览选区的变化，这就导致当我们要想得到一个满意的效果时，需要浪费很多时间去反复试验。那有没有既可以实时预览，又可以实现"修改"级联菜单中命令功能的方法呢？答案是肯定的，借助蒙版和滤镜就可以做到，在后续章节中会有详细讲解。

2.4.3 选区的布尔运算

布尔运算是编辑选区的另一种手段，在抠图中应用广泛。Photoshop中主要使用以下3种布尔运算："添加到选区" 🔳、"从选区中减去" 🔳 和"与选区交叉" 🔳。3种布尔运算的示意效果如图2-88所示。在Photoshop中对选区进行布尔运算有两种情况。

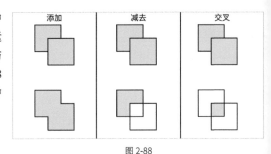

图 2-88

在创建选区时就进行布尔运算

有的抠图工具（选框工具组、套索工具组、选择工具组）的属性栏中会有布尔运算的图标，如图2-89所示。因此我们可以在创建选区时就进行布尔运算，一次性制作出符合需求的选区。具体操作如下。

图 2-89

第1步：创建第1个选区时，激活图2-89所示的3种模式按钮之一。

第2步：创建第2个选区时，选区之间就会按照之前选定的模式进行布尔运算，最终得到的选区就是布尔运算之后的结果。

创建单独的选区，载入选区时进行布尔运算

在创建选区时就进行布尔运算有个弊端——经过布尔运算后，Photoshop只返回最终的结果，最初的选区消失不见。从备份的角度看，这不是一件好事，因为有时候是需要用到原始选区的，所以这里不推荐使用这种布尔运算方式。

在创建选区时，一次只创建一个，这样每个选区就会被单独地保存起来，在载入选区时再进行布尔运算。用这种方式同样能得到想要的结果，并且不会对原始选区造成破坏，一举两得。这里以载入两个路径选区为例讲解具体操作步骤，如图2-90所示。

图 2-90

添加到选区

按住Ctrl键的同时单击"路径1"的缩略图，载入"路径1"的选区，之后在按住Ctrl+Shift组合键的同时单击"路径2"的缩略图，就可以将"路径2"的选区添加到"路径1"的选区中。

从选区中减去

按住Ctrl键的同时单击"路径1"的缩略图，载入"路径1"的选区，之后在按住Ctrl+Alt组合键的同时单击"路径2"的缩略图，就可以在"路径1"选区的基础上减去"路径2"的选区。

与选区交叉

按住Ctrl键的同时单击"路径1"的缩略图，载入"路径1"的选区，之后在按住Ctrl+Shift+Alt组合键的同时单击"路径2"的缩略图，就可以对两个选区进行交叉运算。

> **💡 技巧提示**
>
> 相信读者已经看出，载入选区需要使用Ctrl键，而Shift键和Alt键则负责控制布尔运算，具体用途如下。
> Shift键：添加到选区。
> Alt键：从选区中减去。
> Shift+Alt组合键：与选区交叉。

第**3**章

快速抠图技法

介绍完抠图和选区的相关知识后，就正式进入抠图技法的讲解。本章为读者介绍的是快速抠图技法，顾名思义，这一章的关键词就是快速、高效。通常情况下，抠图速度与抠图质量二者不可兼得，到底是追求速度，还是追求质量，这得看具体需求。本书之所以把快速抠图技法放在最前面，一方面是想切实满足读者快速抠图的实际需求，另一方面，则是希望读者在学完本章内容后，即使不了解"通道"等复杂理论，也可以完成大多数抠图工作。

学习重点

案例训练：使用"选择并遮住"命令抠取摄影女孩 .... /054

案例训练：使用"边缘检测"命令抠取可爱的小猫咪 .... /058

案例训练：使用"对象选择工具"抠取诱人的美食 .... /060

案例训练：使用"选择并遮住"命令抠取绿色植物 .... /064

案例训练：使用"魔棒工具"抠取绿色植物 .... /069

3.1 "选择并遮住"命令

"选择并遮住"是"选择"菜单中的一个抠图命令，笔者习惯先讲工具，再讲命令，这里将该命令放在前面进行讲解的原因是："选择并遮住"命令不仅位于"选择"菜单下，在其他选区创建工具的属性栏中都能看到它，如图3-1所示。因此在学习其他选区创建工具前，必须先了解该命令。

图 3-1

"选择并遮住"命令既可以作为抠图的"主力"，也可以作为一个"强力辅助"，为其他抠图工具或命令"打下手"。通过本节的多个案例，相信读者能够对"选择并遮住"命令有一个深刻的认识。本节内容的学习思路如图3-2所示。

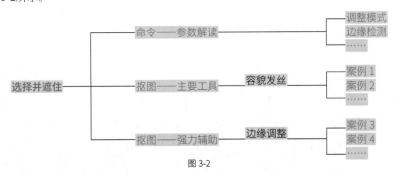

图 3-2

执行"选择 > 选择并遮住"菜单命令（或按快捷键Ctrl + Alt + R），就会进入"选择并遮住"工作区，如图3-3所示。该工作区内有自己的工具栏，工具栏中每个工具又有相应的属性栏，加上参数繁多的"属性"面板，读者在第1次执行该命令时，也许会产生一种"打开了一款新软件"的错觉。下面将从工具栏和"属性"面板两个方面对其进行详细的解读。

图 3-3

3.1.1 工具栏

"选择并遮住"工作区的工具栏如图3-4所示。

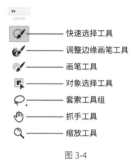

快速选择工具
调整边缘画笔工具
画笔工具
对象选择工具
套索工具组
抓手工具
缩放工具

图 3-4

快速选择工具

工具栏中的第1个工具是"快速选择工具"，它是以涂抹的方式创建选区，在涂抹的过程中
Photoshop会自动识别主体对象与背景的分界线，从而快速地创建出比较准确的选区，为后面更精细的
调整打下基础。"快速选择工具"的属性栏如图3-5所示。

图 3-5

大小

由于"快速选择工具"是以涂抹的方式创建选区的，因此画笔的大小会影响选区的创建，可以
通过调整图3-5中的"大小"参数来调整画笔的大小，数值越大，画笔越大，反之越小。在属性栏中调整
参数效率较低，笔者推荐使用快捷键调整画笔大小，按[键可调小画笔，按]键可调大画笔。

打开图3-6所示的人像摄影图，执行"选择 > 选择并遮住"菜单命令，进入"选择并遮住"工作区，
切换到"快速选择工具"，设置一个大小合适的画笔，在主体人物内部涂抹，在涂抹的过程中会发现
选区蚂蚁线自动吸附到人物边缘。在涂抹人物脸部等较大区域时，可以适当调大画笔；在涂抹手指等
较小区域时，可以适当调小画笔。最终得到图3-7所示的选区。

图 3-6

图 3-7

从图3-7所示的效果可以看到，使用"快速选择工具" ❷ 制作的选区并不完整，不仅没有选全人物的右手臂，而且人物脸颊、右手臂、左手和肩膀围成的背景区域还被误选了。

为什么会出现选区不完整的情况呢？原因很简单，在使用"快速选择工具" ❷ 涂抹的过程中，只能调节画笔"大小"这一个参数，无法确保被涂抹过的区域能被Photoshop顺利识别出来。此处因为人物右手臂的颜色与背景色对比不明显，所以Photoshop没有顺利识别出边界。即使笔者将画笔设置得非常小，也没能顺利创建出主体人物的完整选区。

通过"快速选择工具" ❷ 的涂抹方式创建选区，我们永远也不知道Photoshop会如何处理下一笔的涂抹，这种不确定性不仅会给抠图带来困难，而且很浪费时间，因为需要不停地使用快捷键Ctrl + Z撤销之前的错误操作。

布尔运算

"快速选择工具"的属性栏中提供了"添加到选区" ⊕ 和"从选区减去" ⊖ 两种布尔运算方式。在创建选区的过程中可以通过单击按钮的方式切换布尔运算方式，也可以使用快捷键来提高操作效率，即在创建选区的过程中长按Alt键，会临时切换到另一种布尔运算方式。例如，如果当前是"添加到选区" ⊕ 方式，那么长按Alt键就会切换到"从选区减去" ⊖ 方式，新绘制的选区将会与之前已经存在的选区做减法运算。

对所有图层取样

"对所有图层取样"选项在默认状态下是不选中的，选中后系统会根据所有图层的特点（颜色、对象等）来创建选区，这样识别率就会大大降低，所以一般情况下不建议选中这个选项。

选择主体

单击"选择主体"按钮 选择主体 后，Photoshop会根据当前的图像情况自动识别主体对象并创建包含主体对象的选区，此按钮与"选择 > 主体"菜单命令一样，都没有可供调节的参数，全凭Photoshop的"智能识别"。"选择主体"按钮可以在很大程度上减轻涂抹的工作量，提升工作效率。

同样以图3-6所示的人像摄影图为例，切换到"快速选择工具" ❷ ，单击"选择主体"按钮 选择主体 ，得到图3-8所示的选区。可以看到，通过"选择主体"按钮 选择主体 创建的选区不仅完整，而且比较精准，之前提到的闭合背景区域也未被误选，但是该选区仍有些许瑕疵，例如图3-8中标出的两处背景区域没有被识别出来。

图3-8

调整边缘画笔工具

工具栏中的第2个工具是"调整边缘画笔工具" ❷ ，当我们创建的选区未完全包含主体对象，或者选择了多余的背景时，使用"调整边缘画笔工具" ❷ 可以快速修复有问题的边缘区域，使选区更加完善。"调整边缘画笔工具" ❷ 的属性栏如图3-9所示。

图 3-9

画笔设置

"调整边缘画笔工具"可以像"画笔工具"那样设置画笔的大小、硬度、间距、角度和圆度等参数。要设置这些参数，只需在画面上右击，即可弹出设置面板，如图3-10所示。

图 3-10

扩展检测区域

如果我们创建的选区未完全包含主体对象，可以利用"扩展检测区域"模式⊕重新检测对象边缘。例如，当选区并未完全包含主体人物时，如图3-11所示，可以切换到"调整边缘画笔工具" ✒，选择"扩展检测区域"模式⊕，沿着人物边缘进行涂抹，丢失的区域就会被选中，如图3-12所示。

图 3-11   图 3-12

恢复原始边缘

简单来说，"恢复原始边缘"是一个高级的"撤销"功能，在使用"扩展检测区域"模式⊕沿人物边缘涂抹了多次后，想要恢复到最初的选区，通过快捷键Ctrl + Z一步步撤销非常麻烦，此时可以切换到"恢复原始边缘"模式⊖，在该模式下，凡是被画笔涂抹过的区域都会恢复为原始选区，未被涂抹到的区域仍旧保持现有状态。

画笔工具

工具栏中的第3个工具是"画笔工具" ✒，与常规的"画笔工具"不同，"选择并遮住"工作区中的"画笔工具" ✒是通过涂抹的方式来增加或减少选区的，其属性栏如图3-13所示。

图 3-13

"画笔工具" ✎属性栏中的参数和前面两个工具的参数基本一致，因此不再赘述，这里主要介绍它的应用场景。虽然使用"选择主体"按钮 选择主体 可以一键创建比较满意的选区，但它毕竟是一个智能化的命令，难免会出现边缘检测不准确的情况，创建的选区还存在一些小瑕疵，如图3-14所示。

要修复这些小瑕疵，就可以使用"画笔工具" ✎。虽然"画笔工具" ✎也是通过涂抹的方式编辑选区，但是与"快速选择工具" ✐不同，它没有智能检测边缘的功能，所创建的选区只取决于画笔的参数和涂抹时的手法，因此十分可靠。通过简单的涂抹，上述小瑕疵就被修复了，如图3-15所示。

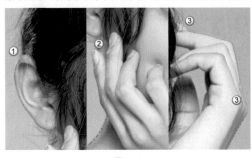

图 3-14　　　　　　　　　　　　　　　　　　　　　图 3-15

💡 技巧提示

"画笔工具" ✎是一个非常依赖经验和手法的工具。用得好，可以制作出边缘精准的选区；用得不好，则难以取得理想的效果。"画笔工具" ✎在抠图中应用非常广泛，是一个必须掌握的工具。"选择并遮住"命令中的"画笔工具" ✎通常只需调节画笔"大小"和"硬度"两个参数，而在蒙版抠图、通道抠图中接触到的才是完整的"画笔工具" ✎，需要调节"大小""硬度""不透明度""混合模式"4个参数，使用难度也要比此处的"画笔工具" ✎大得多。

对象选择工具

工具栏中的第4个工具是"对象选择工具" 🔲，用于选择主体对象，其属性栏如图3-16所示。

🔲 ▾　　📄 📄 📄　　模式：� 套索　　▾　　☐ 对所有图层取样　☑ 减去对象　　　选择主体　　调整细线

图 3-16

选区的布尔运算

相比之前的3个工具，"对象选择工具" 🔲在选区的布尔运算方面多了一个"与选区交叉" 🔲选项。

模式

使用"对象选择工具" 🔲创建选区时有"矩形"和"套索"两种模式，如图3-17所示。"矩形"模式快速，"套索"模式灵活。在实际抠图中，往往先用"矩形"模式选出包含主体对象的选区，然后使用"套索"模式处理包含背景的局部区域。

图 3-17

减去对象

"减去对象"选项可以在定义的区域内查找并自动减去对象，是一个智能的抠图选项，建议开启，对抠图很有帮助。

还是以图3-6所示的人像摄影图为例，使用"对象选择工具" 🔲选择主体人物。首先将选区的布尔运算设置为"添加到选区" 🔲，接着将"模式"设置为"矩形"，沿着图像的两个对角点绘制一个矩形选区，如图3-18所示。此时，系统会自动检测矩形选区内的主体对象并将其选出来，如图3-19所示。

图 3-18

图 3-19

观察图3-19可以发现选区包含了一部分背景区域，因此可以接着使用"对象选择工具" ![] 将这部分区域从选区中减去。首先将选区的布尔运算设置为"从选区中减去" ![] ，接着将"模式"设置为"套索"，围绕着那部分背景区域创建选区，如图3-20所示。完成后，Photoshop会自动判断哪些区域是背景，并将其从主体选区中减去，最终效果如图3-21所示。

图 3-20

图 3-21

💡 **技巧提示**

不管如何操作，这些工具的最终目的都是选择主体。读者只要把握住这一点，学起来就不会困惑了。

套索工具组

工具栏中的第5个工具其实是一个工具组，包括"套索工具" ![] 和"多边形套索工具" ![] 。"多边形套索工具"的属性栏如图3-22所示。这两个工具想必读者已经非常熟悉，这里就不再赘述了。

图 3-22

抓手工具、缩放工具

工具栏中的第6个和第7个工具分别是"抓手工具" ![] 和"缩放工具" ![] ，这两个工具与选区创建无关，主要用于视图的平移与缩放。在实际操作中，不建议读者使用这两个工具来操作视图，那样效率太低，推荐使用快捷键来操作视图。

平移视图

按住空格键，会临时切换为"抓手工具"，此时拖曳鼠标，就可以沿任意方向平移视图。

缩放视图

按住Alt键的同时滚动鼠标滚轮，可以缩放视图。向前滚动鼠标滚轮是放大视图，向后滚动鼠标滚轮是缩小视图。

至此，"选择并遮住"工作区中的所有工具已经介绍完毕，读者可以在实际抠图中根据需求选择相应的工具进行应用。在这些工具的应用中，最核心的还是选择主体，且本章的大部分案例都是从这一步开始的。

3.1.2 "属性"面板

"选择并遮住"工作区的"属性"面板有视图模式、预设、调整模式、边缘检测、全局调整和输出设置6个板块，下面将分别对这些板块进行介绍。

视图模式

"视图模式"主要用来展示选区的显示效果，虽然在我们的常规认知中，选区是以闪烁的蚂蚁线形式显示的，但是这样的认识是片面的，通过第2章的案例我们知道，执行"色相/饱和度"命令时并没有看到蚂蚁线，但是照样实现了选区所特有的部分修改图像的功能，所以选区的显示方式有很多种。"视图模式"的参数面板如图3-23所示。

图3-23

首先来介绍7种视图模式。

洋葱皮

当切换到"洋葱皮"视图模式时，"属性"面板下方还会多出"透明度"选项，用于调整"洋葱皮"的透明度，如图3-24所示。

图3-24

在该模式下，选区内的图像正常显示，选区外的图像会以"洋葱皮"（透明栅格）的方式显示，读者可以通过拖曳"透明度"滑块来控制"洋葱皮"的透明度。透明度为0%和透明度为100%的图像显示情况如图3-25所示。即使图像中已经存在选区，但是如果将"透明度"设置为0%，则会导致既看不到选区蚂蚁线（因为是"洋葱皮"模式），也看不到选区内外任何变化（因为"透明度"为0%）的情况。这对抠图来说几乎是灾难性的，因为在这种情况下根本不知道哪些区域被选择了，哪些区域没被选择，这样抠图就没办法继续下去了。

透明度：0%　　　　透明度：100%

图3-25

看到这里有读者可能会说，那干脆直接将"透明度"设置成100%不就行了？但是这样会出现另外一个问题——执行"选择并遮住"命令打开图像时，图像中并没有选区，而"透明度"又设置成100%，导致此时图像全部显示为透明栅格，整个图像好像凭空消失了一般，如图3-26所示。在这种情况下甚至看不到主体人物和背景，如何创建选区呢？

图3-26

最终我们可以得出结论：在执行"选择并遮住"命令打开一张图片时，若图中没有任何选区，则需要将"透明度"设置为0%，使图像呈现为完全不透明的形式，让主体对象和背景对比清晰，以方便创建选区；若图中创建了选区，就需要将"透明度"设置为100%（或接近100%），此时选区之外的部分将会显示为"洋葱皮"，可以清楚地体现哪些地方被选择了，哪些地方没被选择，从而可以对选区进行下一步的调整。

总体而言，"洋葱皮"视图模式在创建选区的过程中很少使用，因为要来回切换"透明度"，操作烦琐，但是当我们制作完选区后，想看一下主体对象在透明背景下的显示效果时，就可以使用"洋葱皮"视图模式。

闪烁虚线

"闪烁虚线"是创建选区最常用的一种视图模式，因为它会将选区以蚂蚁线的方式呈现出来，如图3-27所示。蚂蚁线非常符合我们对选区的认知，因此在制作并修改选区的过程中，使用这种模式能够提高抠图效率。当选区制作完成，我们想要看一下抠图效果时，"闪烁虚线"视图模式就不太合适了，此时可以切换成其他视图模式查看抠图效果。

黑底/白底

"黑底""白底"两种视图模式只是背景有黑白之分，因此放在一起讲解。从原理上讲，它们和"洋葱皮"是一样的，选区内的图像正常显示，选区外的图像会以黑底、白底的方式呈现。同样地，这两种模式也有"透明度"选项，可以用来调整黑、白背景的透明程度，将"透明度"调成100%时，"黑底"和"白底"的显示效果如图3-28所示。

图 3-27

图 3-28

叠加

"叠加"视图模式有"不透明度""颜色""表示"3个参数，如图3-29所示。通过"颜色"参数可以产生任何背景色，因此它是"黑底""白底"的升级版，如图3-30所示。"表示"参数控制的是"颜色"作用的区域，如果选择"被蒙版区域"选项，代表"颜色"作用在选区外；如果选择"选定区域"选项，代表"颜色"作用在选区内，如图3-31所示。通常情况下，我们更习惯颜色作用于选区外，因此"表示"参数默认选择"被蒙版区域"选项。

不透明度		100%
颜色	表示	被蒙版区域

图 3-29

图 3-30

图 3-31

黑白

在"黑白"视图模式下，选区内外图像的变化将会以灰度图像的方式呈现，如图3-32所示。在灰度图像中，白色代表完全被选择，黑色代表完全未被选择，灰色代表部分被选择。对灰度图像执行"选择并遮住"命令可能没什么太大的用处，但是灰度图像对选区的表达和通道、蒙版是一致的，多看灰度图像，对以后学习通道和蒙版有很大帮助。

图层

"图层"是最后一种视图模式，在该模式下可以发现"图层"模式就是"洋葱皮"模式的一个特例，如图3-33所示。由于"图层"模式没有"透明度"选项，所以它就相当于"透明度"为100%时的"洋葱皮"模式。

图 3-32 | 图 3-33

至此，想必读者对视图的7种视图模式已经有了一个大概的了解，现在做一个总结：在创建选区、修改选区的过程中，一般选择"闪烁虚线"模式，当选区创建完毕想查看它在各种不同背景下的表现时，可以选择"图层""黑底""白底""叠加"等模式。

下面介绍"视图模式"右侧的4个选项。

显示边缘

只有在使用"快速选择工具" 和"调整边缘画笔工具" 时，"显示边缘"复选框才可以被勾选，其余情况下，该复选框处于灰色不可用的状态。

此处，我们就"显示边缘"复选框被激活的情况展开更进一步的讨论。当图像中没有选区时，勾选"显示边缘"复选框，图像会变为全黑，如图3-34所示。当我们利用"选择主体"按钮 选择主体 创建选区后，再勾选"显示边缘"复选框，图像会显示出主体人物的头发边缘，如图3-35所示。在实际抠图中，此功能几乎没有任何帮助，打开反而会碍事，因此Photoshop默认不开启。

图 3-34 | 图 3-35

显示原稿

在"选择并遮住"工作区中,"显示原稿"复选框主要用于查看原始选区,原始选区就是指在执行"选择并遮住"命令之前创建的选区。

例如在图3-36所示的人像摄影图中,左侧正方形选区是在执行"选择并遮住"命令之前创建的,而右侧的不规则选区则是在执行"选择并遮住"命令后使用"套索工具" ○ 创建的。此时勾选"显示原稿"复选框,Photoshop将只会显示执行"选择并遮住"命令之前创建的正方形选区,如图3-37所示。

图3-36   图3-37

从上述演示可以看到,勾选"显示原稿"复选框后,Photoshop会以"选择并遮住"命令为界,将选区分为执行命令之前创建的选区与执行命令之后创建的选区两类,并且只显示执行命令之前创建的选区。这在实际抠图中没什么帮助,所以在默认状态下也是关闭的,我们保持默认设置即可。

实时调整和高品质预览

Photoshop对"实时调整"和"高品质预览"的描述是使用画笔时预览更新速度可能会变慢。由此描述可知,这两项在抠图时用处也不大,有时候反而会使预览速度变慢,所以我们在抠图时一般保持关闭状态即可。

预设

在"选择并遮住"命令中可以使用"预设"和"记住设置"来保存已经调整过的参数,如图3-38所示。在勾选了"记住设置"复选框后,Photoshop会将"选择并遮住"命令中的最后一次操作记录下来并保存,当再次执行"选择并遮住"命令时,"属性"面板中的各个参数都会和上次关闭该命令时的保持一致,仿佛有了记忆功能。"记住设置"是一个很实用的功能,笔者个人经常用它来记住视图的显示方式,以确保每次打开的都是闪烁虚线模式,省去了来回切换视图的步骤。

图3-38

既然已经有了"记住设置"功能,为什么还要有"预设"呢?因为"记住设置"只能记住"选择并遮住"命令最后一次操作的参数,而当我们需要对中间某一步骤的参数进行存储时,"记住设置"就无法满足我们的需求了,此时可以利用"预设"中的"存储预设"把我们想要的参数存储起来,当下一次遇到相同类型的抠图对象时,就可以利用"载入预设"功能快速调出这类对象的调整参数。

调整模式

"选择并遮住"命令有"颜色识别"和"对象识别"两种调整模式,如图3-39所示。其中,"颜色识别"模式侧重于颜色，"对象识别"模式侧重于对象。图3-40所示是对抠图中两种模式的效果比对，可以看出，整体上两者似乎并没有什么不同，但仔细观察还是能看出一些细微的差别：在"对象识别"模式下，人物头发部分包含的背景色更少，显得更干净；在"颜色识别"模式下，人物毛衣袖口处的杂色更少，显得更干净。由于两种模式的侧重点不同，因此抠图结果会有些许不同，但是这两种模式并无优劣之分，具体使用哪种模式取决于图像的构成及抠图的侧重点。

图3-39

图3-40

边缘检测

"边缘检测"用于调整选区以使选区更贴合主体对象的边缘，拖曳"半径"滑块可以增大或减小边缘检测的范围，如图3-41所示。在实际抠图中，当我们创建的选区出现了不贴合主体对象的情况，就可以使用"边缘检测"功能来调整选区，使之贴合主体对象。

图3-42左侧图像中的选区是用"画笔工具" ✍ 随意涂抹出的效果，中间图像中的选区则是将"半径"设置为10px后的效果，从图中可以看到，随着检测半径的不断增大，原始的选区逐渐发生变化。检测半径为10px时，选区已经有些贴合主体了，当把半径调整到15px时，选区就非常贴合主体了。在实际的抠图中，我们可以利用"边缘检测"功能对主体对象边缘的选区进行微调。

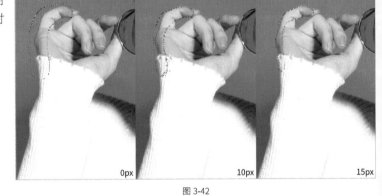

图3-41

图3-42

全局调整

"全局调整"是修改选区的又一种方式，它对选区的修改与第2章讲到的"选择>修改"菜单命令中的5个命令类似，它的参数面板如图3-43所示，共有4个参数，其中，"平滑"和"羽化"在第2章中已经讲过，因此不再赘述。这里主要介绍"对比度"和"移动边缘"。

图3-43

对比度

增强主体对象边缘与背景的对比，可以得到一种锐利的效果。不同对比度下的抠图效果如图3-44所示。随着对比度的不断增大，在主体对象边缘杂色减少的同时，边缘与背景的过渡也越来越生硬。对比度太大会使抠图主体对象非常生硬，很难与新背景融合，一般不建议将对比度设置得太大。另外，如果主体对象出现了边缘生硬的情况，可调节"平滑"或"羽化"参数将边缘适当柔化。

移动边缘

调节"移动边缘"参数可以对选区进行扩展、收缩，默认情况下其值为0%，向右拖曳滑块可以扩展选区，向左拖曳滑块可以收缩选区。其中收缩模式在抠图中应用广泛，可以有效地减少背景杂色，后续会通过一系列案例让读者体会到收缩选区功能的强大。在实际抠图中容易混淆"边缘检测"与"移动边缘"，其实从智能的角度可以很容易地将二者区分开，"边缘检测"是有智能效果的，它能智能检测出主体对象边缘与背景区域；"移动边缘"没有智能效果，它所依据的只是初始选区的形状。二者的应用效果如图3-45所示。

对比度：0%　　对比度：50%　　对比度：100%

图 3-44

边缘检测　　移动边缘

图 3-45

输出设置

在执行"选择并遮住"命令创建选区并进行了调整后，如果对当前的选区比较满意，就可以使用"输出设置"将选区输出，其参数面板如图3-46所示。

参数介绍如下。

图 3-46

净化颜色

勾选"净化颜色"复选框可以对带有背景杂色的主体对象进行过滤，效果十分明显，如图3-47所示。因此建议读者在输出选区前勾选"净化颜色"复选框。

输出到

"输出到"选项用来控制在执行完"选择并遮住"命令后选区的最终形态。Photoshop为我们提供了6种选择，如图3-48所示。后面两种由于涉及新文档，用得少，因此这里主要给读者介绍前4种。

图 3-47　　　　　　　　图 3-48

选区

选择"选区"选项，在单击"选择并遮住"界面中的"确定"按钮后，我们制作的选区以选区形式输出，可以在文档窗口中看到选区标志性的蚂蚁线，如图3-49所示。

图层蒙版

选择"图层蒙版"选项，选区以图层蒙版的形式输出，结果就是"背景"图层被转化成了"图层0"，与此同时"背景"图层多了一个图层蒙版，蒙版缩略图中白色区域就是我们在"选择并遮住"界面中创建的选区，它被显示了出来，而其他的区域则被隐藏了，图像中的透明栅格代表着透明区域，如图3-50所示。

图 3-49 图 3-50

新建图层

选择"新建图层"选项，选区会以新建的图层形式输出，结果就是"图层"面板中多了一个图层，该图层的内容与我们创建的选区相对应，选区内的图像被保留，而选区外的图像被删除。这种方式并不会破坏背景图层，而是相当于执行"通过拷贝的图层"（Ctrl + J）命令，把选区内的图像复制到一个新图层中，如图3-51所示。

新建带有图层蒙版的图层

选择"新建带有图层蒙版的图层"选项，同样会将选区以新建图层的方式输出，但是新建的图层是带有图层蒙版的，结果就是背景图层得到了保留，并且新图层会有一个图层蒙版，这样新图层的所有像素都被保留下来，但是由于蒙版的关系，我们同样只能看到主体人物，如图3-52所示。

图 3-51 图 3-52

💡 **技巧提示**

从备份的思想来看，上述4种选择中，"新建带有图层蒙版的图层"无疑是最佳的选区输出方式，既达到了隐藏背景的目的，又没有对图像造成任何破坏，而且非常有利于后期修改。后面读者在学习蒙版的知识后，会对这种输出方式有更加深刻的认识。

"选择并遮住"是一个非常强大的抠图命令，为了使读者能够彻底掌握该命令，本章安排了4个抠图案例，涵盖人像、宠物、食物和植物四大类别。

案例训练：使用"选择并遮住"命令抠取摄影女孩

素材文件	素材文件＞CH03＞摄影女孩.jpg、背景1.jpg
实例文件	实例文件＞CH03＞案例训练：使用"选择并遮住"命令抠取摄影女孩.psd
视频文件	案例训练：使用"选择并遮住"命令抠取摄影女孩.mp4
技术掌握	学习"选择并遮住"抠图技法，对蒙版和画笔工具有一个初步认知

原图、透明背景图和合成效果分别如图3-53～图3-55所示。

图 3-53

图 3-54

图 3-55

图像分析

请读者在操作过程中注意以下4个要点。

第1点： 这是一张户外风景人像摄影图，主体对象是手持相机拍摄风景的女孩，背景是山丘。由于女孩是对焦的中心，因此背景有一定程度的虚化。

第2点： 放大图像观察，可以发现女孩的头发整体比较柔顺，不过在边缘处出现了几缕杂乱的发丝，如图3-53所示。

第3点： 女孩身穿白色纱裙，裙子是典型的半透明对象，但是在本案例中，只有左下角处的裙子表现出透明性，其他部分的裙子都可以视为不透明对象，如图3-54所示。

第4点： 由上述分析我们可知，女孩的头发和裙子是抠图重点。对于头发，在不影响整体效果的前提下，太杂乱的头发丝可以直接放弃；对于裙子，左下角处的裙子表现出半透明性，抠图时一定要注意。

操作步骤

01 打开"摄影女孩.jpg"素材文件，选择"背景"图层，执行"选择 > 选择并遮住"菜单命令或按快捷键Ctrl + Alt + R进入"选择并遮住"工作区。在"选择并遮住"工作区中，选择"画笔工具" ，选区的布尔运算设置为"添加到选区"，在"属性"面板中将"视图模式"切换为"闪烁虚线"，如图3-56所示。

画笔工具

视图模式

图 3-56

02 单击"选择主体"按钮 选择主体 ，Photoshop会根据当前图像情况自动判断并选择主体人物，产生的选区，如图3-57所示。

03 通过放大观察选区，我们发现有4个区域未被选中或未被完全选中：①相机有一部分未被选中，②手中的棒棒糖没有被选中，③左下角的裙子有部分未被选中，④衣服上的扣子没被选中，如图3-58所示。

图 3-57

图 3-58

04 对以上4个区域，我们可以使用"画笔工具" 对①、③和④区域进行涂抹，将未被选中的区域添加到当前的选区中，②中的棒棒糖做单独处理。将画笔的"硬度"参数设置得大一些，80%即可，"大小"参数可设置得小一些。放大图像，使用"画笔工具" 耐心涂抹，涂抹后的选区基本上趋于完整，此时我们将"视图模式"切换为"白底"，并将"不透明度"设置为100%，效果如图3-59所示。

05 乍看之下好像挺完美，但是放大图像观察，会发现主体人物的部分边缘还残留有背景的杂色，如图所3-60所示。

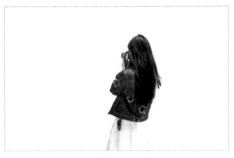

图 3-59

图 3-60

06 展开"输出设置"选项，勾选"净化颜色"复选框，将"数量"参数设置为100%，可以看到女孩手部区域、裙子区域的杂色都被清除了，如图3-61所示。

07 经过以上调整，选区基本满足需求，此时可以输出选区了。在"输出到"下拉列表框中选择"新建带有图层蒙版的图层"选项，单击"确定"按钮  输出一个带有图层蒙版的新图层，如图3-62所示。

图 3-61

图 3-62

08 进行到这一步，抠图已经完成了90%，还剩下棒棒糖和裙子两部分需要处理，我们先处理棒棒糖。步骤05只处理了3处不完整的区域，并未处理棒棒糖，这是为什么呢？原来，经过"净化颜色"命令处理后，即使我们输出的是带有图层蒙版的新图层，原始图像也被改变了，我们可以进行如下操作以验证这个说法。

具体步骤

①在按住Shift键的同时单击图层蒙版的缩略图，此时图层蒙版会出现一个"红色叉"的标志，代表图层蒙版被禁用，此时显示出来的就是原始图像，如图3-63所示。

②可以看到"净化颜色"命令虽然可以很方便地去掉主体对象边缘的杂色，但是其"副作用"也很明显，即它会对图像造成永久性破坏。如果我们在使用"净化颜色"命令之前把棒棒糖的选区也加进来，那么"净化颜色"命令同样也会无差别地作用于棒棒糖，最后棒棒糖就会被破坏得不成样子了，如图3-64所示。所以我们需要单独处理棒棒糖的选区。

图 3-63

图 3-64

09 再次选择"背景"图层,执行"选择并遮住"命令,记得取消勾选"自动设置"复选框,因为勾选了"自动设置"复选框,系统会自动保存上次使用后的相关设置。这次我们使用"画笔工具" 🖌 单独创建棒棒糖的选区,之后切换到白色背景下观察抠图效果,如图3-65所示。

10 创建好棒棒糖的选区后,我们再选择"新建带有图层蒙版的图层"选项,将棒棒糖输出为一个新的图层,抠完棒棒糖之后,整体效果如图3-66所示。

图 3-65

图 3-66

11 我们都知道,纱裙一般为半透明物体,可以透过光线。但是我们在使用"选择并遮住"命令抠图时,完全没有考虑到裙子的这一特性,使得抠出来的裙子完全不透明,显得非常实,导致原本白色、半透明的裙子在掺杂了原图的背景后,会显得有点脏,如图3-67所示。所以,我们必须要处理这两部分裙子。

12 在处理之前先换上新的背景,将"背景1.jpg"素材文件拖曳到文档窗口中并放置到最底层,如图3-68所示。

图 3-67

图 3-68

13 按快捷键B切换到"画笔工具" ，将"不透明度"设置为10%，"大小"设置为125像素"硬度"设置为50%，选择"背景 拷贝"的图层蒙版，将前景色设置为黑色，如图3-69所示。在女孩左下角的裙子处涂抹，被涂抹的裙子会逐渐变得透明，裙子中的原背景也会逐渐消失。

图 3-69

14 经过"画笔工具" 的涂抹后，左下角处的裙子有了半透明的特性，透过裙子，我们可以看到新背景的地面，此时的画面效果就显得非常真实了，如图3-70所示。

15 裙子处理完成后再考虑新背景，我们知道，原图由于摄影焦点都在女孩身上，因此背景会有一定的虚化，而我们替换的新背景完全没有虚化，这样在图像合成后，会给观者一种主次不分的感觉。为此，我们选择"背景1"图层，执行"滤镜 > 模糊 > 高斯模糊"菜单命令，设置"半径"为4px，此时效果如图3-71所示。可以看到抠出的主体人物在新的实体背景下非常地自然，说明抠图非常成功。本案例至此全部结束。

图 3-70　　　　　　　　　　　　　　　　　　图 3-71

案例训练：使用"边缘检测"命令抠取可爱的小猫咪

素材文件	素材文件 > CH03 > 小猫咪.jpg
实例文件	实例文件 > CH03 > 案例训练：使用"边缘检测"命令抠取可爱的小猫咪.psd
视频文件	案例训练：使用"边缘检测"命令抠取可爱的小猫咪.mp4
技术掌握	对"选择并遮住"命令中的"边缘检测"有深刻的理解

原图和抠取效果如图3-72 ~ 图3-74所示。

图 3-72　　　　　　　　　　图 3-73　　　　　　　　　　图 3-74

图像分析

在操作过程中请注意以下3个要点。

第1个：这是一张萌宠摄影图，主体对象是一只可爱的小猫咪，背景是米色的墙纸。

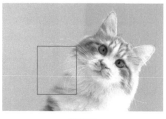

第2个：背景虽然简单，但是主体对象是全身布满绒毛、有着长胡须的小猫咪。绒毛多而杂，特别是猫咪左侧的部分绒毛，与背景融合得相当好，用肉眼都难以分辨绒毛与背景的边界，如图3-75所示；并且猫咪的胡须又细又长，抠起来也相当难。

图3-75

第3个：因此，如何处理猫咪的绒毛和胡须是本案例的关键。

操作步骤

01 打开"小猫咪.jpg"素材文件，选择"背景"图层，按快捷键Ctrl + Alt + R执行"选择 > 选择并遮住"菜单命令，切换至任意工具，单击"选择主体"按钮 选择主体 ，Photoshop会自动判断图片中的主体对象并创建选区，如图3-76所示。

02 将"视图模式"切换为"黑底"，并将"不透明度"参数设置为最大值，在黑色背景下观察此时的选区，如图3-77所示。可以看到此时的选区完全看不到猫咪的绒毛与胡须，画面效果相当生硬。所以我们需要想办法让选区既往外扩展，又可以变得柔和，此时"边缘检测"功能就派上用场了。

图3-76   图3-77

03 拖曳"边缘检测"的滑块，猫咪的选区会发生相应变化，在拖曳的过程中发现了如下规律。

①当半径为90px左右时，猫咪右侧的绒毛过渡柔和，如图3-78所示。

②当半径为140px左右时，猫咪左侧的绒毛过渡柔和，如图3-79所示。

③当半径为250px（最大）时，猫咪的绒毛已经不完整了，但是此时猫咪的胡须异常清晰且完整，如图3-80所示。

图3-78   图3-79   图3-80

04 发现了上述规律后，我们就可以利用分多次抠图的思想，连续执行3次"选择并遮住"命令，"边缘检测"半径依次为90px、140px和250px，分别输出3个新图层，将这3个新图层中的图像叠加在一起，共同构成小猫咪的全身图像，如图3-81所示。

图 3-81

💡 技巧提示

　　"小猫咪"的案例再次体现了分多次抠取的总方略，读者在抠图时，不要总想着一次性就把它抠完，很多复杂的案例只做一个选区是根本完成不了的，这时候就要多尝试，多思考，针对不同的区域，使用不同的抠图方法，最后将这些区域汇总起来构成主体对象。

05 由图3-81可以看出，经过3个图层的叠加后，小猫咪基本上抠出来了，但小猫咪耳朵处有背景空隙，说明耳朵处抠得不实，我们需要对这部分图像进行处理，如图3-82所示。

06 切换到"画笔工具" ✐ ，设置"不透明度"为50％，"硬度"为50％，设"前景色"为白色，选择任意一个图层的图层蒙版，使用白色画笔在猫咪的耳朵处涂抹，将耳朵处丢失的细节找回来，蒙版处理完毕后，使用新的蓝色背景验证抠图效果如图3-83所示。可以看到整体抠图效果非常不错。本次案例至此全部结束。

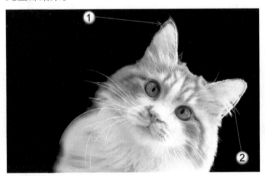

图 3-82

图 3-83

案例训练：使用"对象选择工具"抠取诱人的美食

素材文件	素材文件＞CH03＞美食.jpg
实例文件	实例文件＞CH03＞案例训练：使用"对象选择工具"抠取诱人的美食.psd
视频文件	案例训练：使用"对象选择工具"抠取诱人的美食.mp4
技术掌握	掌握"选择并遮住"命令中的"对象选择工具"的使用方法

　　原图和抠取效果如图3-84～图3-86所示。

图 3-84

图 3-85

图 3-86

图像分析

　　请读者注意以下4个操作要点。

第1个：这是一张美食摄影图，主体对象可以是诱人的牛排和盘子，也可以是盘子上方的杯子，这里我们在确定主体对象时，可能会产生分歧，由此推测"选择并遮住"命令在智能识别图像中的主体对象时，也有可能会产生错误的判断，给后面的抠图埋下隐患。

第2个：当然，本案例中牛排和盘子才是主体对象，因为它们占据了图像的绝大部分面积。

第3个：盘子边缘有花朵、花朵前后两侧分别有针状植物和片状植物，针状植物大部分位于盘子内，小部分位于盘子外，所以必须要抠取出来；而片状植物完全独立于盘子，所以可以不考虑，如图3-87所示。

图 3-87

第4个：抠取针状植物是本案例的难点，如果使用"选择并遮住"命令达不到预期效果，可以考虑使用"色彩范围"命令结合图层蒙版去解决，此方法在下一章会具体讲解。

操作步骤

01 打开"美食.jpg"素材文件，选择"背景"图层，按快捷键Ctrl + Alt + R或执行"选择 > 选择并遮住"菜单命令。从前面的图像分析中我们已经知道Photoshop可能会判断不准主体对象，现在我们来验证一下。在"选择并遮住"界面中直接单击"选择主体"按钮 选择主体，Photoshop会依据自己的判断创建出主体对象的选区，如图3-88所示。

> 💡 **技巧提示**
>
> 右图选区的生成结果基本上证实了我们的预测，即Photoshop并不能准确地判断出主体对象，除了把盘子选中外，还选中了杯子、酒壶和片状植物。因为"选择主体"按钮 选择主体 是没有任何参数的，它默认是对全图进行判断，一旦主体对象过多，它就容易判断失误，所以需要我们人为地帮它一把，此时"对象选择工具" 🔲 就派上用场了。

图 3-88

02 切换到"对象选择工具" 🔲，"模式"设置为"套索"，沿着盘子边缘绘制选区，如图3-89所示。

03 "对象选择工具" 🔲 相当于为"选择主体"按钮 选择主体 手动添加了一个识别范围，此时生成的选区如图3-90所示。

图 3-89　　　　　　　图 3-90

> 💡 **技巧提示**
>
> 观察生成的选区，发现存在3个不足之处，如图3-91所示。
> 第1个：盘子左下角有部分区域未被选中。
> 第2个：花朵未被完全选中。
> 第3个：针状植物在盘子以外的部分未被选中。

图 3-91

04 对于第1个问题，可将布尔运算设置为"添加到选区"，然后使用"画笔工具"沿着盘子的边缘耐心涂抹，在前面的案例已经介绍过，这里不再赘述。

05 对于第2个问题，可将选区的布尔运算设置为"添加到选区"，使用"对象选择工具" ▣ 沿着花朵绘制选区，如图3-92所示，Photoshop会自动识别花朵并且将花朵的选区与现有选区进行合并，如图3-93所示。

06 对于第3个问题，我们可以单独使用"色彩范围"命令解决。完善第1点和第2点后，将"视图模式"切换为"白底"，观察抠图效果，如图3-94所示。

图 3-92

图 3-93

图 3-94

💡 **技巧提示**

由图3-94可以看出，盘子边缘被"画笔工具" ✐ 涂抹过，所以并不光滑，并且盘子边缘还有些许背景的残留。因此，我们可以在"属性"面板对其做进一步的调整；将"移动边缘"设置为 - 80%，将"平滑"设置为20。

07 通过对"移动边缘"和"平滑"的调整，盘子边缘的杂色、不平整问题得到了解决，此时我们将其输出为带有图层蒙版的图层，如图3-95所示。

08 使用"色彩范围"命令来处理针状植物。选择"背景 拷贝2"图层，按快捷键Ctrl + J复制得到"背景 拷贝3"图层，选择该图层，在图层蒙版的缩略图上右击，在弹出的快捷菜单中选择"删除图层蒙版"命令，此时原始图像又显现了出来，如图3-96所示。

09 针状植物比较细小，不太容易选中，因此放大视图可以帮助我们选择针状植物，如图3-97所示。

图 3-95

图 3-96

图 3-97

10 选择"背景 拷贝3"图层，执行"选择 > 色彩范围"菜单命令，打开"色彩范围"对话框。

具体步骤

①在"选区预览"下拉列表框中选择"无"选项，这样图像会从黑白变成彩色，方便我们拾取像素，如图3-98所示。

②把鼠标指针移至文档窗口中，移动到图3-99所示的针状植物处单击，拾取该点处的颜色作为基准色。

③将"颜色容差"的数值修改为123，如图3-100所示。

图 3-98

图 3-99　　　　　　　　　　　　　　　　　　　　　　　　图 3-100

11 完成以上操作后，单击"确定"按钮（确定），"色彩范围"命令执行后Photoshop会生成一个选区，保持选区的选中状态，单击"图层"面板中的"添加图层蒙版"按钮，为当前选区创建图层蒙版，如图3-101所示。

12 用"选择并遮住"命令抠取了盘子和花朵，用"色彩范围"命令抠取了针状植物，将这两部分叠加起来的效果如图3-102所示。

13 "色彩范围"命令虽然把针状植物抠取了出来，但是其他绿色植物也被连带着抠取出来了，所以我们要对"色彩范围"命令生成的选区做进一步优化。在长按Alt键的同时单击"背景 拷贝3"图层的蒙版缩略图，进入蒙版内部，如图3-103所示。

图 3-101　　　　　　　　　　　　图 3-102　　　　　　　　　　　　图 3-103

14 进入蒙版后，呈现在我们眼前的是一幅灰度图像，我们只想要花朵旁的针状植物，所以需要把图像中其他地方的植物都变成黑色，如图3-104所示。

15 使用画笔将图3-104所示红框中的区域涂抹成黑色，如图3-105所示。

图 3-104　　　　　　　　　　　　　　　　　　　图 3-105

16 在长按Alt键的同时单击图层蒙版的缩略图，退出蒙版模式，此时可以发现图像上方的绿色植物已经消失不见了，如图3-106所示。观察右图可以发现，不管是盘子、花朵，还是针状植物，都与背景完美融合，说明抠图还是比较成功的。本案例到这里就全部结束了。

图 3-106

案例训练：使用"选择并遮住"命令抠取绿色植物

素材文件	素材文件＞CH03＞绿色植物.jpg
实例文件	实例文件＞CH03＞案例训练：使用"选择并遮住"命令抠取绿色植物.psd
视频文件	案例训练：使用"选择并遮住"命令抠取绿色植物.mp4
技术掌握	掌握"选择并遮住"抠图命令的用法

原图和抠取效果如图3-107～图3-109所示。

图 3-107

图 3-108

图 3-109

图像分析

请读者在操作过程中注意以下4个要点。

第1个： 这是一张家庭盆栽植物摄影图，主体对象是放置在阳台上的绿色盆栽植物，背景是窗户和阳台，都呈现出大面积的白色，较为纯净。

第2个： 绿色植物与背景的对比很强，因此从"选择并遮住"命令的角度看，选中绿色植物应该没什么压力。

第3个： 盛放植物的容器本身是白色的，与背景对比较弱，且该容器在开口处并不规则，所以在容器与植物的交界处，存在很多白色的背景区域，如图3-110所示。

第4个： 如何去除这些闭合的背景区域将主体抠取出来是本案例的难点。

图 3-110

操作步骤

01 打开"绿色植物.jpg"素材文件，选择"背景"图层，按快捷键Ctrl＋Alt＋R执行"选择＞选择并遮住"菜单命令。单击"选择主体"按钮 选择主体 ，Photoshop自动创建选区，如图3-111所示。

02 使用"画笔工具" 补全未被选中的白色容器区域，接着处理不完整的闭合区域，使用"添加到选区"把它们全部加到整体的大选区中，如图3-112所示。

图 3-111   图 3-112

💡 **技巧提示**

从上图中我们能够得到两个信息。

第1个：绿叶被选得很完整，基本不需要我们再调整了。

第2个：绿叶与植物构成的闭合区域，只有一处被完整地选择了，其余闭合区域的选区情况都不满足要求。

03 将"视图模式"切换为"叠加"，选择一个除黑色、白色之外的其他颜色，观察抠图效果，如图3-113所示。

💡 **技巧提示**

为什么不用"黑底"或"白底"模式？

因为白色容器的底部是黑色的，如果用"黑底"模式，就无法判断容器底部的抠图效果，而叶子与容器形成的闭合区域是白色的，同理也不能使用"白底"模式。

图 3-113

04 切换到"对象选择工具" 🔲 ，选区的布尔运算使用"从选区中减去"，"模式"使用"套索"，沿其中一个白色区域创建选区，将该区域框选，如图3-114所示。Photoshop经过智能判断后给出结果，如图3-115所示。

图 3-114

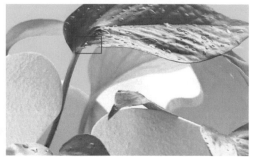

图 3-115

💡 **技巧提示**

虽然白色区域被清除了，但是有一部分叶子也被删除了，此时切换到"画笔工具" ✏️ ，使用"添加到选区"把叶子丢失的部分找回来。

05 其他白色区域的处理方式一样，都是先通过"对象选择工具" 🔲 删除白色区域，然后使用"画笔工具" ✏️ 对误删的主体区域进行修复。处理后得到的效果如图3-116所示。

图 3-116

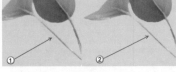

技巧提示

白色区域、绿色植物都已经处理完毕，只剩下白色容器底部的黑色杂边了。此时有读者可能会想到使用"移动边缘"命令来消除杂边，但是这个案例不能这样操作，因为"移动边缘"命令是针对整个选区的，在消除了底部黑色杂边的同时，也会对其他部分的选区边缘进行缩减，这样做会导致叶子的根部特别细，画面效果不真实，如图3-117所示。

图 3-117

06 使用"画笔工具" 慢慢涂抹，将这些黑色杂边去除，效果如图3-118所示。

技巧提示

将制作好的选区以"新建带有图层蒙版的图层"方式输出，绿色植物的抠图就完成了。

图 3-118

3.2 快速选择工具、对象选择工具、主体命令

介绍了"选择并遮住"命令后，本节简单介绍一下"快速选择工具" 、"对象选择工具" 和"主体"命令。这些工具、命令与"选择并遮住"命令的功能或效果高度重叠，它们能干的活，"选择并遮住"命令同样可以，并且能做得更好。

3.2.1 快速选择工具

Photoshop工具栏中的"快速选择工具" 与"选择并遮住"命令下的"快速选择工具"几乎一模一样，两个快速选择工具的属性栏，如图3-119所示。可以看到，Photoshop工具栏中的"快速选择工具" 多了几个功能，可调节画笔的间距、圆度和角度等参数，以及多了一个"增强边缘"复选框。

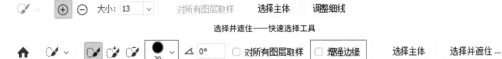

图 3-119

3.2.2 对象选择工具

Photoshop工具栏中的"对象选择工具"和"选择并遮住"命令中的"对象选择工具"一样，都可以智能地识别图像中的主体对象并创建选区，这一点和"选择主体"按钮的功能类似，区别在于"选择主体"按钮的识别范围是全图，而"对象选择工具"可以自定义识别范围，更加灵活。

当图像中的主体对象只有一个时,"对象选择工具" 🔲 和"选择主体"按钮 选择主体 的效果并无区别,甚至后者创建选区的速度更快(因为少了画选区的步骤,直接单击即可生成选区),但是一旦图像中存在并列的多个对象时,"对象选择工具"的优势就发挥出来了。例如在图3-120所示的美食摄影图中,当我们只想要右下角的对象①时,如果直接单击"选择主体"按钮 选择主体 ,它会将全图中它认为是主体对象的,都选择出来,如图3-121所示,可以看到"选择主体"按钮 选择主体 不仅完美地避开了我们需要的对象,还替我们选择了一些不是我们目标的对象。

图 3-120   图 3-121

此时我们使用"对象选择工具"就能得到我们想要的结果。首先在目标对象周围创建一个选区,如图3-122所示,那么此时Photoshop就只会判断指定选区内的主体对象,结果自然就准确多了,如图3-123所示。

图 3-122   图 3-123

3.2.3 "主体"命令

"主体"命令在"选择"菜单下,"主体"命令的功能和前面提到的"选择主体"按钮 选择主体 的一模一样,这里不再赘述。

3.3 魔棒工具

"魔棒工具" 🪄 与"快速选择工具" ☑ 、"对象选择工具" 🔲 在同一组,它的工作原理与"选择并遮住"系列的工具或命令不一样,它是依靠"取样点"与"容差"来控制选区生成的,在处理背景以纯色为主的图像时很有优势。本节首先对"魔棒工具" ☑ 的参数进行全面的解读,然后通过案例来巩固理论知识,如图3-124所示。

图 3-124

"魔棒工具" ✦的属性栏如图3-125所示，读者比较熟悉的参数就不过多介绍了，这里主要介绍"取样大小""容差""连续"3个参数。

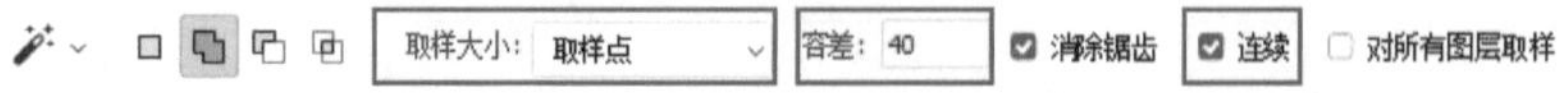

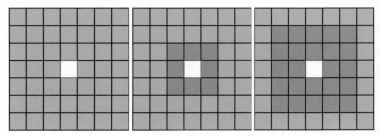

图3-125

3.3.1 取样大小

使用"魔棒工具" ✦时，需要先在文档窗口上单击，这个过程就是在设置取样点，展开"取样大小"下拉列表，可以发现Photoshop提供了7种取样方式，如图3-126所示。

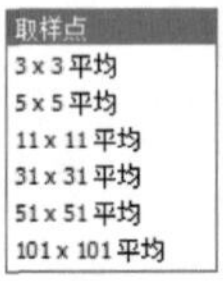

取样点
3×3平均
5×5平均
11×11平均
31×31平均
51×51平均
101×101平均

图3-126

部分取样方式介绍如下。

取样点：拾取单击点像素的精确值。

3×3平均：拾取单击点3×3像素区域内的9个像素颜色的平均值。

5×5平均：拾取单击点5×5像素区域内的25个像素颜色的平均值。

随着取样区域的变大，如图3-127所示，取样精度会下降。当取样区域设置得过大，经过平均后的像素可能早已不是我们想要的像素了。因此通常的做法是将"取样大小"设置为"取样点"，以确保取样的准确性，之后通过调节"容差"滑块来控制选区的大小。

图3-127

3.3.2 容差

"魔棒工具" ✦的"取样大小"决定了选区的基础色调，而"容差"决定了所选像素的色彩范围。"容差"的数值较小时，只选择与单击点像素相似的少数颜色；数值较大时，Photoshop对像素相似程度的要求降低，可选择的颜色范围就更广。"容差"的设置范围为0～255，0表示只能选一个色调，255表示可以选择所有的色调。

在一幅图像中，我们将图像左上角的第1个像素作为取样点，在保证取样点相同的前提下，只改变"容差"数值，得到的选区会有很大不同，如图3-128所示。

图3-128

"容差"数值对"魔棒工具"生成的选区来说，起着至关重要的作用，但是在Photoshop中改变"容差"数值后，它并不能作用于当前的选区，只能作用于之后创建的选区。这个小瑕疵成了"魔棒工具" ✦ 的"致命伤"，要得到一个比较令人满意的选区，就要尝试很多次，用户体验非常糟糕。"色彩范围"命令也是通过"取样点＋容差"的方式来创建选区的，在"色彩范围"对话框中拖曳"颜色容差"滑块时可以实时预览选区，因此其使用场景、受欢迎程度要远胜于"魔棒工具" ✦。在选区的世界里，实时预览非常重要，在第4章，读者将会体会到这一点。

3.3.3 连续

"连续"也是"魔棒工具" ✦ 一个非常重要的参数，它决定了相似区域被另外的闭合区域隔开时的处理思路。听着有点拗口，简单总结如下。

勾选"连续"复选框：选区除了颜色相近之外，相近的颜色必须连在一起，不能被其他颜色隔开。

不勾选"连续"复选框：只有"颜色相近"这一个条件，所有符合条件的区域都会被选择。

例如图3-129所示的纯白色的背景被两条蓝色的线条分成了3个区域，当我们想选中图中的白色区域时，如果勾选"连续"复选框，会因为蓝色线条的存在，一次只能选中一个白色区域；如果不勾选"连续"复选框，那么只要是白色的区域就都会被选中，如图3-130和图3-131所示。

| 图3-129 | 图3-130 | 图3-131 |

那么在抠图中到底是否要勾选"连续"复选框呢？这没有固定答案，要根据图像的情况灵活选择。在了解了魔棒工具的参数后，接下来通过一个抠图案例来巩固理论知识。

案例训练：使用"魔棒工具"抠取绿色植物

素材文件	素材文件＞CH03＞绿色植物.jpg
实例文件	实例文件＞CH03＞案例训练：使用"魔棒工具"抠取绿色植物.psd
视频文件	案例训练：使用"魔棒工具"抠取绿色植物.mp4
技术掌握	掌握"魔棒工具"抠图的方法

原图和抠取效果如图3-132和图3-133所示。

| 图3-132 | 图3-133 |

图像分析

这个案例我们在3.1节中做过，当时使用"对象选择工具"🔲去除容器与植物间的白色闭合区域，但同时对绿色植物造成了破坏，因此我们不得不用"画笔工具"✏️对植物进行修补，整个操作流程比较烦琐。仔细观察这些闭合区域，可以发现它们几乎是清一色的白色，处理这种大面积纯色，用"魔棒工具"✏️再恰当不过了。

操作步骤

01 复制"背景"图层，并选择"背景 拷贝"图层，并创建图层蒙版。切换至"魔棒工具"，将选区的布尔运算设置为"添加到选区"，"容差"设置为30，勾选"连续"复选框，如图3-134所示。

| ✏️ ∨ | □ ⬜ ⬜ ⬜ | 取样大小: | 取样点 ∨ | 容差: 30 | ☑ 消除锯齿 | ☑ 连续 |

图 3-134

02 使用"魔棒工具"✏️依次单击图中的5个白色闭合区域，创建选区，如图3-135所示。

03 单击蒙版的缩略图将其选中，设置"前景色"为黑色，按快捷键Alt + Delete在蒙版内填充黑色，将选区内的图像隐藏，如图3-136所示。

图 3-135

图 3-136

💡 **技巧提示**

使用"魔棒工具"✏️处理这些白色区域，既准确又迅速。这个案例也说明一个道理，每个抠图工具或命令被设计出来都是有道理的，要是某个抠图工具或命令能被另一个完美代替，那么它就没有存在的必要了。抠图工具或命令没有好坏之分，只有合适与否。

3.4 "天空"命令

本节介绍"天空"命令。该命令是Photoshop 2021新增的功能，要使用该命令，有执行"编辑 > 天空替换"和"选择 > 天空"菜单命令两个途径。

两个菜单命令本质上是一样的，区别在于前者在抠取旧天空的同时会换上新天空，但是新天空依赖Photoshop自带的预设，种类有限；后者只为我们选择天空，至于后续怎么操作，全凭我们自由发挥。"天空"命令对天空的识别度还是非常高的，具体效果可以参考图3-137～图3-139所示的3组图片。

图 3-137　　　　　　　　　　　　　　　　　图 3-138

图 3-139

　　看到这里,有些读者可能会想能否将"天空"命令拓展一下,用于其他主体对象呢?答案是不能,因为"天空"命令会将选区自动虚化,用于其他主体对象效果会很差,如图3-140和图3-141所示的2组图片。

图 3-140　　　　　　　　　　　　　　　　　图 3-141

　　所以,"天空"命令注定是个"小众"的命令,读者不要对它抱有太高期待,只有在有"魔法换天"抠图需求时,才可以使用它。

3.5 本章技术要点

本章为读者介绍了快速抠图技法，无论是抠图工具，还是抠图命令，无不体现出智能这一特点，我们只需要几步，就可以制作出令人满意的选区，在处理一些相当简单的素材时，这些抠图工具或命令往往能派上大用场。

"选择并遮住"系列

"选择并遮住"系列的工具与命令有"选择并遮住"、"快速选择工具" ✓、"对象选择工具" ▣ 和"主体"命令。它们的核心功能就是"选择主体"，所有的抠图操作都是围绕这个点展开的，"选择主体"功能构建了主体对象的基本轮廓，我们需要做的就是对其进行小修小补。

"选择并遮住"命令在抠图界是"万金油"般的存在，几乎任何类型的抠图素材都可以使用它来完成选区的生成。Photoshop的一次次版本迭代为它赋予了新的活力，在人工智能快速发展的今天，"选择并遮住"命令在将来的版本中会越来越强大，成为提升抠图效率的必备"神器"。

魔棒工具

"魔棒工具" ✗ 通过"取样点 + 容差"的方式生成选区，这种选区生成模式本应在抠图中大放异彩，但是由于"魔棒工具" ✗ 不能根据容差的调整而实时预览选区而大打折扣，"魔棒工具" ✗ 虽然很难成为抠图的主力，但是在某些特殊情况下用它来辅助抠图还是非常方便有效的，例如"使用'魔棒工具'抠取绿色植物"案例。

"天空"命令

"天空"命令是选择天空、替换天空和"魔法换天"的不二之选，如果将它用于其他对象，效果并不会太好。

快速抠图技法常与智能、快捷相伴，但是往往还有不确定性和不完整性，所以我们需要继续深入学习其他抠图技法，这些不同的抠图技法相互补充，共同组成了我们的抠图"武器库"。

第 **4** 章

蒙版抠图技法

蒙版是Photoshop的一个重要功能，它通过灰度图像与原图层产生映射，可以控制图层任何区域的显示与隐藏，在Photoshop的各个领域都有广泛的应用。蒙版虽然不是一个具象化的抠图工具、命令，但它的作用丝毫不逊色于主力抠图工具或命令。本章将带领读者全面详细地了解蒙版及它在抠图中的应用。

学习重点　　　　　　　　　　　　　　　　　　　　　　　　　　　　　 🔍

案例训练：使用灰度图像抠取帅气男生 .... /076

案例训练：使用"画笔工具"抠取穿婚纱的新娘 .... /086

案例训练：使用"天空"命令进行"魔法换天" .... /090

案例训练：使用"画笔工具"和滤镜抠取文艺青年 .... /093

案例训练：使用"最小值"和"中间值"滤镜抠取咖啡壶 .... /096

4.1 蒙版的原理

蒙版通过灰度图像与原图层建立映射关系，从而控制图像的显示与隐藏。本节将从灰度图像和映射关系两方面入手，深入剖析蒙版的原理，如图4-1所示。

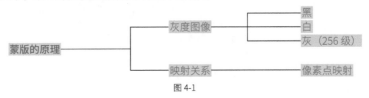

图 4-1

4.1.1 灰度图像

提起灰度图像，读者可能首先想到的是彩色图像，工作、生活中接触到的彩色图像，往往由数以百万计的颜色构成，如果表达某个颜色，采用常规的枚举法是万万不可行的。这就好比当想用键盘打出常用的6000多个汉字时，不可能为每个汉字部分配一个按键。

灰度图像的出现，极大程度地简化了颜色的表达，彩色图像的颜色数以百万计，但是在灰度图像中，只有256种灰度级别（0～255）。以RGB模式的图像为例，使用"红""绿""蓝"3个通道，再配合256级灰度，就可以准确地描述任何一种颜色了。灰度图像在Photoshop中并不是百无一用的废材，相反，它是化繁为简的极致体现，是深入学习蒙版和通道等高级抠图命令的桥梁。

灰度分级

用Photoshop打开图4-2所示的彩色图像，执行"图像 > 调整 > 去色"菜单命令或按快捷键Ctrl + Shift + U，图片的彩色信息将被抹掉，只保留灰度信息，去色后的灰度图像如图4-3所示。

图 4-2   图 4-3

由图4-3可知，灰度图像中，只有黑色、白色、灰色3类颜色，更确切地说，只有灰色，因为黑色和白色是特殊的灰色（黑色是0级的灰色，白色是255级的灰色）。那么如何去描述这些五彩斑斓的灰色呢？在Photoshop中，灰度被分成了256级（0～255），用不同的级别来描述特定的灰度，这些级别被称为灰度值，如图4-4所示，其中，灰度值为0代表黑色，灰度值为255代表白色，其他灰度值统称为灰色。

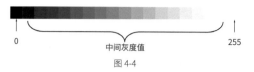

图 4-4

有了灰度值的概念后，一切颜色都可以量化了，"魔棒工具" ![魔棒] 、"色彩范围"命令的"容差"值，指的就是灰度值，包括后面要介绍的通道和"色阶"等命令，都离不开灰度值。

查看灰度级别

搞清了灰度值后，已经知道了灰色是分级别的，那么该如何获取某个像素点的具体灰度值呢？这里介绍两种查看灰度值的方法。

💡 **技巧提示**

在一张彩色图像中，哪些像素是灰度像素？

对于RGB模式的图像，如果某个像素点的R、G、B值都相等，那么这个像素就是灰度像素。这个结论也说明了一个规律：灰度图像中，各个像素点的R、G、B值相等。

使用吸管工具

"吸管工具" ![吸管] 位于Photoshop工具栏的第7组，也可以按快捷键I快速定位到吸管工具所在的工具组，该组共有6个工具，如图4-5所示。

图 4-5

切换到"吸管工具" ![吸管] ，将"取样大小"设置为"取样点"，在灰度图像的任意像素点上单击，"颜色"面板中会显示当前取样点的R、G、B值，由前面的结论可知，灰度像素的R、G、B值均相等，因此R、G、B的任意一个数值就代表当前像素的灰度值，如图4-6所示。

💡 **技巧提示**

如果Photoshop界面上没有显示"颜色"面板，可以执行"窗口 > 颜色"菜单命令或按快捷键F6，"颜色"面板就会显示出来。

另外，如果"颜色"面板显示的不是RGB值，可以单击面板右上角的菜单按钮，选择"RGB滑块"命令即可，如图4-7所示。

图 4-6

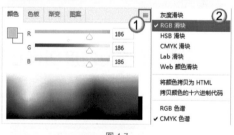

图 4-7

操作几次之后可以发现，这个方法有点机械，每次取样都得单击一下，"颜色"面板才会显示像素的RGB信息，套用第3章的话，就是无法实时预览每个像素点的RGB值。所以通过"吸管工具"查看灰度值的方式虽然可以用，但并不推荐。

查看信息面板（推荐）

查看灰度值的另一种方式是使用"信息"面板。执行"窗口 > 信息"菜单命令或按快捷键F8，打开"信息"面板，将鼠标指针移至文档窗口内，"信息"面板会实时显示当前鼠标指针所在位置的像素信息，如图4-8所示。这种方式是实时的，只要移动鼠标指针，"信息"面板中的值就会立刻更新，用它来查看灰度值非常方便。

图 4-8

4.1.2 映射关系

理解了灰度图像和灰度值的概念后，接着来看映射关系。本节开头就提到：蒙版通过灰度图像与原图像的映射关系来控制图像的显示与隐藏。这种映射关系本质上就是一对一、点对点、像素对像素的关系。

选择图层，在"图层"面板中单击"添加图层蒙版"按钮 ，Photoshop会创建一张灰度图像来与当前图层建立映射关系，灰度图像的尺寸就是文档的尺寸，它们之间产生像素对像素的映射关系，具体有以下3个规律。

第1个： 灰度图像中的白色区域映射到原图，原图中的对应区域完全显示。

第2个： 灰度图像中的黑色区域映射到原图，原图中的对应区域完全隐藏。

第3个： 灰度图像中的灰色区域映射到原图，原图中的对应区域呈现半透明的效果。

蒙版的作用过程展示如图4-9所示。

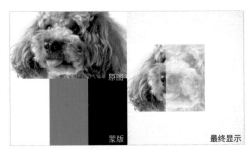

图 4-9

案例训练：使用灰度图像抠取帅气男生

素材文件	素材文件＞CH04＞帅气男生.jpg、灰度图像.jpg
实例文件	实例文件＞CH04＞案例训练：使用灰度图像抠取帅气男生.psd
视频文件	案例训练：使用灰度图像抠取帅气男生.mp4
技术掌握	加深对蒙版、灰度图像的理解

原图和抠取效果如图4-10~图4-12所示。

图 4-10

图 4-11

图 4-12

图像分析

读者在操作过程中要注意以下两个要点。

第1个：这是一张人像摄影图，主体人物是帅气的男生，背景是富有青春气息的橙黄色渐变；本案例实现非常简单，使用"选择并遮住"命令可以很快地完成抠图，但是本案例的"主角"是蒙版，安排这个案例，为的是加深读者对蒙版原理的理解。

第2个：蒙版通过灰度图像来控制原图的显隐，之前通过"去色"命令产生灰度图像，那么问题来了，产生灰度图像只有使用"去色"命令这一种方式吗？灰度图像只能在当前文档内部创建吗？能否导入外部的灰度图像用于蒙版中呢？通过本案例，读者应该能够找到答案。

操作步骤

01 使用Photoshop打开"素材文件 > CH04"文件夹中的"帅气男生.jpg"图片，切换到"通道"面板。如果Photoshop中没有显示"通道"面板，可以执行"窗口 > 通道"菜单命令将其打开。在"通道"面板中可以看到有"RGB""红""绿""蓝"4个通道，如图4-13所示。

02 依次单击每个通道，会发现只有"RGB"通道下显示的是彩色图像，剩下3个通道下都是灰度图像，如"绿"通道下的图像如图4-14所示。所以此时可以解答上面提出的疑问了，得到灰度图像的方法不止只是使用"去色"命令，还可以使用"通道"面板。事实上，"去色"命令在抠图中用得较少，因为通过它得到的灰度图像对比度不够，很难用于抠图，所以使用"通道"面板成了抠图中制作灰度图像的主要途径。

03 那么能否直接使用外部的灰度图像呢？答案是肯定的。例如，在Photoshop中打开"素材文件 > CH04"文件夹中的"灰度图像.jpg"图片，如图4-15所示。

图 4-13

图 4-14

图 4-15

💡 **技巧提示**

通过这段描述，相信读者对灰度图像的理解又加深了一层，"通道"面板可以制作灰度图像，蒙版利用灰度图像控制原图的显隐，所以灰度图像成了连接通道与蒙版的桥梁。

观察图4-14可以发现，目前的灰度图像不能直接用于蒙版，因为需要保留主体人物，去除背景，根据灰度图像与原图的映射关系，主体人物应该是全白色的，背景应该是全黑色的。所以此时需要对灰度图像进行编辑以满足要求，这部分内容属于通道的范畴，这里就不详细展开描述了。

04 在"灰度图像"文档中按快捷键Ctrl + A全选图像，此时在文档中出现了选区蚂蚁线，按快捷键Ctrl + C复制图像。切换到"帅气男生"文档，按快捷键Ctrl + J将"背景"图层复制一份，得到"背景 拷贝"图层，接着单击"图层"面板下方的"添加图层蒙版"按钮 ◘，为"背景 拷贝"图层创建图层蒙版，如图4-16所示。

05 从蒙版缩略图中不难看出，此时的蒙版是全白色的，代表全部可见，所以创建蒙版前后，原图不会有任何变化。在按住Alt键的同时单击蒙版缩略图，进入蒙版内部，此时文档窗口上显示的内容从原图变成了蒙版中的灰度图像，如图4-17所示。

06 进入蒙版内部后，按快捷键Ctrl+V粘贴之前复制的外部灰度图像，外部的灰度图像就会替换之前的灰度图像。粘贴完毕后，按住Alt键单击蒙版缩略图，退出蒙版模式，此时可以发现主体对象的背景消失了，并且蒙版缩略图也进行了更新，由之前的全白色变成了替换之后的灰度图像，如图4-18所示。

图 4-16　　　　　　　　图 4-17　　　　　　　　　　　　　图 4-18

⊙ 技巧提示

　　本案例将一幅外部的灰度图像用于蒙版中，成功实现了抠图。通过本案例，相信读者对蒙版的原理与作用方式已经有了更加深刻的认识。至于灰度图像是怎么来的，等学完通道的相关知识后自然就明白了。

4.2 蒙版的编辑

　　通过对4.1节的学习，相信读者已经掌握了蒙版的作用原理。本节将从蒙版的添加、删除、填充和禁用等角度出发，详细介绍蒙版的各种编辑操作，如图4-19所示。

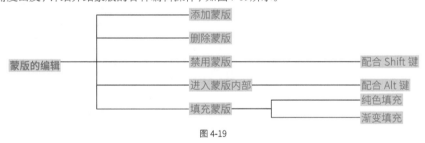

图 4-19

4.2.1 添加蒙版

　　在Photoshop中，为图层添加蒙版大致分为以下3种情形。

添加全部显示的蒙版

　　选择图层，直接单击"添加图层蒙版"按钮，Photoshop会默认添加一个全部显示的图层蒙版。在蒙版的映射关系中，"全部显示"对应"全白色"，因此这时的蒙版缩略图是全白色的，该蒙版也可以称为全白蒙版，如图4-20所示。由于添加的是全白蒙版，因此蒙版添加前后原图像不会有任何变化。

图 4-20

添加全部隐藏的蒙版

选择图层，在按住Alt键的同时单击"添加图层蒙版"按钮■，Photoshop会创建一个全部隐藏的图层蒙版，此时蒙版缩略图为全黑色，因此该蒙版也称为全黑蒙版，如图4-21所示。由于添加的是全黑蒙版，因此在添加蒙版后，原图全部"消失不见"了。

为当前选区创建蒙版

全白、全黑蒙版都是在当前图像中没有选区的情况下生成的，如果当前图像中存在选区，此时单击"添加图层蒙版"按钮■，就又是另一种效果了。

图 4-21

为当前选区创建全白蒙版

首先在图像中创建选区，如图4-22所示。接着在选区存在的前提下，单击"添加图层蒙版"按钮■，此时生成的全白蒙版只作用于选区内的图像，选区外的图像将被隐藏，如图4-23所示。

为当前选区创建全黑蒙版

先创建选区，然后在按住Alt键的同时单击"添加图层蒙版"按钮■，此时Photoshop会为选区内的图像添加全黑蒙版，为选区外的图像添加全白蒙版，对应的图像效果如图4-24所示。

| 图 4-22 | 图 4-23 | 图 4-24 |

"为当前选区创建蒙版"在抠图中的应用非常广泛，因为它与Photoshop抠图流程完美契合。在抠图时，由于要先制作包含主体对象的选区，之后才能进行下一步操作，因此只要想使用蒙版抠图，就需要使用到"为当前选区创建蒙版"这一方法。

抠图中制作选区时有选主体对象和选背景两个方向。

当主体对象单一并且细节较少时，可以优先考虑选择主体对象，毕竟抠图的最终目的就是抠取主体对象。制作出主体对象的选区后，可以直接单击"添加图层蒙版"按钮■，为当前选区创建蒙版，如图4-25和图4-26所示。

| 图 4-25 | 图 4-26 |

当主体对象不止一个或主体对象的细节非常多时，选择主体对象的做法就不明智了，此时一般是采用先选择背景区域，之后再反选，从而得到主体对象的思路。而在蒙版抠图中甚至不需要执行反选这步操作，在得到背景的选区后直接在按住Alt键的同时单击"添加图层蒙版"按钮▣，即可在添加蒙版的同时将背景区域隐藏，一举两得，如图4-27和图4-28所示。

图4-27   图4-28

4.2.2 删除蒙版

删除图层蒙版有两种方式：第1种，单击蒙版缩略图，将其激活后按Delete键直接删除；第2种，在蒙版缩略图上右击，在弹出的快捷菜单中选择"删除图层蒙版"命令，如图4-29所示。

图4-29

4.2.3 禁用蒙版

如果只想暂时性地关掉图层蒙版，并不想将其删除，可以执行禁用蒙版的操作。在按住Shift键的同时单击蒙版缩略图，蒙版缩略图将显示"×"，代表该蒙版被禁用了，如图4-30所示。

蒙版被禁用后，图像会恢复为原始状态，在按住Shift键的同时单击蒙版缩略图，即可重新启用蒙版。

图4-30

4.2.4 进入蒙版内部

为图层添加蒙版后，蒙版中会生成一幅灰度图像，它与原图像呈映射关系。所以添加了蒙版的图层其实有原图和蒙版中的灰度图像两幅图像。Photoshop文档窗口中默认显示的是原图，在按住Alt键的同时单击蒙版缩略图，如图4-31所示即可进入蒙版内部，显示灰度图像。

图 4-31

进入蒙版内部操作在抠图中应用非常广泛，那些在彩色图像下非常隐蔽的背景区域，一旦进入蒙版内部的灰度世界，往往就一清二楚了。

4.2.5 填充蒙版

如果需要对蒙版进行大范围修改，可以对其进行填充，具体分为纯色填充和渐变填充两种情况。

纯色填充

对蒙版进行纯色填充，首先需要单击蒙版缩略图，选中蒙版后，"颜色"面板会发生细微的变化，原来的RGB滑块变成了灰度滑块，如图4-32所示。

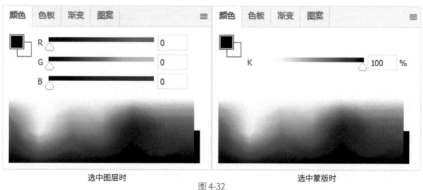

图 4-32

填充前景色的快捷键为Alt + Delete。

填充背景色的快捷键为Ctrl + Delete。

选择图层后按D键，工具箱中的颜色选择框快速恢复为前景色为黑色，背景色为白色的状态；选择蒙版后按D键，工具箱中的颜色选择框快速恢复为前景色为白色，背景色为黑色的状态。

渐变填充

除了纯色填充，还可以使用"渐变工具"对蒙版进行渐变填充。由黑色到白色的渐变在蒙版中对应着从隐到显的柔和过渡，这种柔和过渡与图像合成十分契合。因此，使用"渐变工具"编辑蒙版是图像合成中的一种常见手法。径向渐变在蒙版中的应用如图4-33和图4-34所示。

图 4-33

图 4-34

在Photoshop实际抠图中，蒙版的渐变填充用得很少，因为它是一种大范围修改蒙版的操作，很难照顾到局部细节，而局部细节才是直接决定抠图质量的关键。

4.3 蒙版的好帮手——"画笔工具"与滤镜

蒙版的填充操作简单，效果直观，但是由于它很难把控细节，因此在抠图中并不常用。为了发挥蒙版在抠图中的威力，必须要对其进行细致化的编辑，本节将介绍抠图中蒙版的两个得力帮手——"画笔工具"✐与"滤镜"。本节内容的学习思路如图4-35所示。

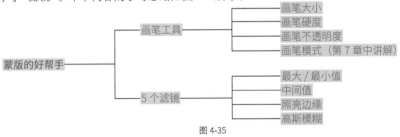

图 4-35

4.3.1 画笔工具

"画笔工具"✐的参数、用法有很多，在Photoshop的各个领域都能见到它的身影，当然抠图也不例外。作为编辑蒙版最常用的工具之一，它在抠图中应用广泛，同时它也是一个非常"吃经验"的工具，用得好的人对它赞不绝口，用得差的人一点也不喜欢它。本小节将对"画笔工具"✐的属性栏及其在抠图中的使用技巧进行详细介绍。"画笔工具"✐的属性栏如图4-36所示。

✐ ● ☑ 模式：正常   不透明度：18% ☑ ☑

图 4-36

画笔大小

画笔"大小"指的是画笔的粗细，以默认的画笔为例，画笔越大，一次性绘制出的线条越粗，在文档窗口中占用的空间也越大。若想要调整画笔大小，可以单击"画笔工具" ✐ 属性栏中的 ■ 按钮，也可以在文档窗口中右击，在弹出的快捷菜单中进行调整，如图4-37所示。

在实际抠图中，由于要应对主体对象内部区域、外部边缘，因此调节画笔大小成了一个使用非常频繁的操作。由于通过鼠标调整画笔大小的方式有点费时间，所以可以按快捷键[缩小画笔，按快捷键]放大画笔。

使用黑色画笔在蒙版内涂抹，涂抹的部分会被隐藏，使用白色画笔涂抹，涂抹的部分会显示出来。相比于"蒙版的填充"，使用画笔涂抹的速度稍慢，但精度却大大提升，对于远离主体对象的背景，可以使用大画笔快速涂抹去除，对于靠近主体对象的背景，可以切换为小画笔细致涂抹，如图4-38和图4-39所示。

图 4-37

图 4-38

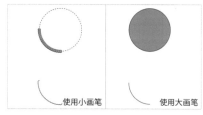
图 4-39

大画笔的作用范围大，因此初学者往往在涂抹到关键地方时就不敢使用太大的画笔，担心把主体对象一并隐藏了。其实任何事物都有两面性，虽然大画笔用得不好会破坏主体对象，但如果用得好，则可以得到非常平滑的边缘，这是用小画笔做不到的，如图4-40所示。

图 4-40

画笔硬度

画笔"硬度"可以控制画笔边缘的羽化程度，数值越大，画笔硬度值越高，所绘线条的边界越清晰、硬朗，反之则所绘线条边界越柔和，如图4-41所示。若想要调整画笔的硬度，可以在文档窗口中右击，在弹出的快捷菜单中进行调整，如图4-42所示。

画笔的硬度是根据主体对象的边缘情况进行设置的，如果边缘线条清晰且硬朗，那么需要设置硬度较大的画笔（80％左右）；如果边缘线条比较柔和，那么可以设置硬度较小的画笔（50％左右），如图4-43所示。

图 4-41

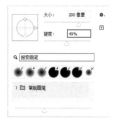
图 4-42

图 4-43

画笔不透明度

除了"大小"和"硬度"外，"不透明度"也是"画笔工具" ✐ 的一个重要参数，该参数用于控制画笔每次涂抹的"力度"。其默认值是100%，表示完全不透明；数值越小，透明度越高，涂抹效果越不明显，给人一种若有若无的感觉，如图4-44所示。

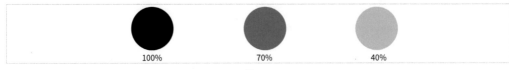

图4-44

"不透明度"就像是画笔的缓冲带，让画笔涂抹的效果没有那么明显，或者说需要多涂抹几次才有效果，这个特性给了抠图很大的操作空间。在背景区域和主体对象颜色很接近的情况下，可以利用"画笔工具" ✒.的"不透明度"与"混合模式"人为地制造出明暗对比，从而抠出主体对象。

在图4-45所示的校园人像摄影图中，右侧是"蓝"通道的图像情况，可以看出女生的头发与窗户的对比很强，但是与窗台的对比很弱，要想抠出头发，就必须人为制造出头发与窗台的对比。此时可使用"画笔工具" ✒.，将"混合模式"设置为"叠加"，降低画笔的"不透明度"在窗台上涂抹，使之逐渐变浅，增强其与头发的对比，如图4-46所示。头发和窗台有了对比后，就可以使用"色阶"命令一次性将背景彻底变为白色，如图4-47所示。

图4-45   图4-46   图4-47

从上面的操作中不难发现，在整个去除背景的过程中，利用"画笔工具" ✒.制造出头发与窗台的对比是关键，而"画笔工具" ✒.要想实现这一过程，需要"大小""硬度""不透明度""混合模式"4个参数相互配合。"画笔工具" ✒.是一个参数比较多的工具，要想运用自如，需要大量的练习。

4.3.2 抠图中与蒙版搭配的5个滤镜

第2章介绍了5个修改选区的命令，它们位于"选择"菜单下的"修改"级联菜单中，如图4-48所示。这5个修改选区的命令很好用，但是有一个致命的缺点，即无法实时预览。要想得到一个令人满意的效果，必须要经过反复的撤销和重做，抠图体验极差。如今有了蒙版，我们就可以通过5个滤镜完美复刻上述5个修改选区的命令所实现的效果，并且可以实时预览。

边界(B)…
平滑(S)…
扩展(E)…
收缩(C)…
羽化(F)… Shift+F6

图4-48

💡 **技巧提示**

注意，若想使用下面提到的5个滤镜实现修改选区的功能，必须要在蒙版中进行操作，换句话说，在使用滤镜之前，一定要选中蒙版，使其处于激活状态。

最大值

执行"滤镜>其他>最大值"菜单命令可以打开"最大值"对话框。对蒙版应用"最大值"滤镜，可以实现扩展选区的功能，并且可以实时预览，如图4-49所示。

最小值

执行"滤镜 > 其他 > 最小值"菜单命令可以打开"最小值"对话框。对蒙版应用"最小值"滤镜，可以实现收缩选区的功能，并且可以实时预览，如图4-50所示。

图 4-49　　　　　　　　　　　　　　　　图 4-50

"最小值"和"最大值"滤镜在抠图中的效果相当于"选择并遮住"命令中"移动边缘"的功能，但是在易用性上做了两方面加强：一方面在边缘的扩展与收缩程度上进行了加强，"移动边缘"的调整范围是 − 100%到100%，只能移动很小一部分边缘，而"最小值"和"最大值"滤镜则没有这个约束，想扩展、收缩多少都可以；另一方面是局部区域的调整，"移动边缘"是不能对局部做调整的，要缩一起缩，要扩一起扩，并且在有些抠图场景下无法使用，例如第3章中的绿色植物案例，如果强行收缩选区去除杂色，那么会因为叶子的根部太细而导致抠图失败，而"最小值"和"最大值"滤镜则可以通过创建局部选区完美地解决这个问题。

中间值

执行"滤镜 > 杂色 > 中间值"菜单命令可以打开"中间值"对话框。对蒙版应用"中间值"滤镜，可以实现平滑选区的效果，并且可以实时预览。在抠图中，"最小值"与"中间值"滤镜是绝配，"最小值"滤镜用于消除背景杂边，"中间值"滤镜用于弥补或消除杂边带来的边缘锐利问题，如图4-51所示。

图 4-51

照亮边缘

执行"滤镜 > 滤镜库"菜单命令打开"滤镜库"对话框，展开"风格化"选项组并选择"照亮边缘"选项，即可对蒙版应用"照亮边缘"滤镜，从而实现选区的边界修改效果（选区同时向内外扩展并带有一定的虚化），并且可以实时预览。"照亮边缘"滤镜在抠图中是用不上的，读者可以集思广益，探索一些有趣的玩法，如图4-52所示。

高斯模糊

执行"滤镜 > 模糊 > 高斯模糊"菜单命令可以打开"高斯模糊"对话框。对蒙版应用"高斯模糊"滤镜，可以实现选区的羽化效果，如图4-53所示。

边缘宽度：14px

图 4-52

半径：100px

图 4-53

案例训练：使用"画笔工具"抠取穿婚纱的新娘

素材文件	素材文件 > CH04 > 新娘.jpg、唯美背景.jpg
实例文件	实例文件 > CH04 > 案例训练：使用"画笔工具"抠取穿婚纱的新娘.psd
视频文件	视频文件 > CH04 > 案例训练：使用"画笔工具"抠取穿婚纱的新娘.mp4
技术掌握	掌握"画笔工具"在蒙版抠图中的应用

原图和抠取效果如图4-54～图4-56所示。

图 4-54

图 4-55

图 4-56

图像分析

请读者在操作过程中注意以下3个要点。

第1个： 这是一张新娘婚纱摄影图，主体对象是穿着婚纱的新娘，背景是深蓝色渐变。

第2个： 主体人物线条轮廓清晰，与背景对比较强；扎起来的头发藏匿于头纱之下，也很容易处理。

第3个： 本案例唯一的难点在于新娘身穿的婚纱的处理。众所周知，婚纱是非常典型的带有透明度的对象，要抠这类对象，一定不能抠得太实，要留有足够的透明度，以便后期更换新背景。既然婚纱是半透明对象，那么能否对所有婚纱都进行半透明处理？显然不行，因为婚纱与人体接触的部分是完全不透明的，只有不与人体接触的部分，才需要进行透明化处理，如图4-57所示。

图 4-57

根据透明度，将婚纱一分为二，不需要进行透明化处理的部分可以使用"选择并遮住"命令抠取，需要进行透明化处理的部分可以通过"画笔工具" ✐ 编辑蒙版的方式搞定。

操作步骤

01 在Photoshop中打开"素材文件 > CH04"文件夹中的"新娘.jpg"图片，选择"背景"图层，按快捷键Ctrl + J复制得到"背景 拷贝"图层，如图4-58所示。

02 选择"背景 拷贝"图层，按快捷键Ctrl + Alt + R对该图层执行"选择并遮住"命令，单击"选择主体"按钮 选择主体 ，Photoshop将自动识别图像中的主体对象并创建选区，如图4-59所示。

图 4-58

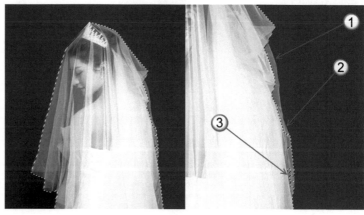

图 4-59

03 由图4-59可知，使用"选择主体"按钮 选择主体 创建的选区并不完美，右侧有一部分婚纱没有被选中，此时可以使用"对象选择工具" ，将选区的布尔运算设置为"添加到选区"，"模式"设置为"套索"，沿着右侧未被选中的婚纱涂抹创建选区，如图4-60所示，此时Photoshop会分析套索区域内的图像并成功选取主体对象（婚纱），如图4-61所示。

图 4-60

图 4-61

04 由图4-61可知，使用"对象选择工具" 后，主体人物的选区变得非常完整，但右侧又多了一块区域，处理这一块区域就非常简单了，可以切换为"画笔工具" ，并将选区的布尔运算设置为"从选区减去"，将该区域涂抹掉，最终创建的主体人物的选区如图4-62所示。

05 "选择并遮住"命令的使命已完成，将选区输出为图层蒙版，如图4-63所示。

图 4-62

图 4-63

💡 **技巧提示**

这里在输出选区的时候，为什么不使用"新建带有图层蒙版的图层"选项呢？

这是因为一开始就复制了一份"背景"图层，所以只需要将蒙版应用到"背景 拷贝"图层即可，如果选择"新建带有图层蒙版的图层"选项，那么Photoshop会再新建一个图层，这样之前创建的"背景 拷贝"图层就没用了。

当然，也可以选择一开始不复制"背景"图层，在"选择并遮住"命令输出时，选择"新建带有图层蒙版的图层"选项，本质都是一样的，体现了备份的思想。

06 将"唯美背景.jpg"素材文件导入当前文档中，并放置于"背景 拷贝"图层的下方，此时效果如图4-64所示。

07 由蒙版的原理可知，婚纱之所以这么实，是因为它在蒙版中的灰度图像是全白色的，如图4-65所示，如果想让婚纱体现出透明度，需要将灰度图像中的白色变成灰色，这个转变过程是通过"画笔工具" ✐ 实现的。

图 4-64

图 4-65

💡 **技巧提示**

从图4-64中可以看出，图像合成效果非常差，主要原因在于主体人物之外的婚纱没有做透明化处理，这部分婚纱既保留了原有背景，又无法让新背景透过婚纱显示出来，所以显得极不和谐。

08 按快捷键B切换为"画笔工具" ✐ ，设置一个较大的画笔，"硬度"设为50%，"不透明度"设为15%，将"前景色"设置为黑色，如图4-66所示。

图 4-66

09 选择"背景 拷贝"图层蒙版，使用黑色画笔在蒙版内涂抹，涂抹几次后，会发现，婚纱的蓝色背景在逐渐减少，同时新背景也能透过婚纱显示出来，如图4-67所示。

10 使用同样的手法涂抹婚纱的其他部位，在处理主体人物周边的婚纱时，可以适当调小画笔。经过耐心的涂抹，最终效果如图4-68所示。

图 4-67

图 4-68

💡 **技巧提示**

　　涂抹到这里，婚纱的透明性问题得到了解决，新背景也能正常透过婚纱显示了。但是这个婚纱看上去还是有点怪，婚纱在颜色上有些偏蓝、偏暗，与正常认知的白色婚纱有出入，显得有点脏。要想解决这个问题，还是需要使用"画笔工具" ✐。

11 选择"背景 拷贝"图层，在"图层"面板下方单击"创建新图层"按钮 ⊞，在"背景 拷贝"图层上方新建一个空白图层。在按住Alt键的同时单击两图层之间的位置，将空白图层设置为"背景 拷贝"图层的剪贴蒙版，如图4-69所示。

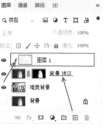

图 4-69

12 做好上述准备工作后切换为"画笔工具" ✐，将"前景色"设置为白色，"不透明度"设为10%，"硬度"设为50%。选择"图层1"图层，使用白色画笔在婚纱周围涂抹，逐渐把偏蓝、偏暗的婚纱变成白色，如图4-70所示。

13 在为婚纱上色后，婚纱的透明性、颜色都得到了保证。抠出的新娘在新背景下非常自然，证明抠图比较成功，最终效果如图4-71所示。

图 4-70

图 4-71

案例训练：使用"天空"命令进行"魔法换天"

素材文件	素材文件＞CH04＞小镇.jpg、蓝天白云.jpg
实例文件	实例文件＞CH04＞案例训练：使用"天空"命令进行"魔法换天".psd
视频文件	案例训练：使用"天空"命令进行"魔法换天".mp4
技术掌握	掌握"天空"命令、在蒙版内部编辑灰度图像的方法

原图和抠取效果如图4-72～图4-75所示。

图4-72

图4-73

图4-74

图4-75

图像分析

请读者在操作过程中注意以下3个要点。

第1个：这是一张城镇海滩风景摄影图，图中有城镇、海滩、海鸟和天空。主体对象是除天空之外的所有对象，背景是天空。

第2个："魔法换天"一般会经历抠图和换天两个过程，这两个过程并不独立，如果能觉察出它们之间的联系，能够极大地提高抠图效率。既然是"魔法换天"，就不得不考虑新天空与原天空的关系了。在原图中，天空是蓝色的。如果新天空依然是蓝色（绝大部分情况），那么就不用抠得太细，因为新旧天空在色彩上的一致性可以掩盖不少抠图漏洞，还可以在保证整体效果的情况下，节省不少时间。如果新天空不是蓝天，而是日落黄昏时的天空，那么会给抠图增加不小的难度，如在抠除天空时，不仅要抠得很细，而且还要考虑天空色调带来的差异，因为日落黄昏时，建筑物的色调、亮度和大白天时的不一样，如果不考虑色彩、亮度方面的差异，只机械地替换天空，那么合成的图像就会有强烈的违和感。

第3个：从上面的分析中，可以提炼出"魔法换天"的两类基本应用场景。第1类，新天空与旧天空色彩、色调基本一致；第2类，新天空与旧天空有很大差别。这两种情形需要使用不同的抠图命令来解决天空替换的问题，如图4-76所示。

```
                                         新天空1（蓝天白云）    与原天空接近      选择 > 天空
魔法换天    原天空是蓝色
                                         新天空2（日落黄昏）    与原天空差别较大   编辑 > 天空替换
```

图 4-76

操作步骤

01 打开"小镇.jpg"素材文件，选择"背景"图层，按快捷键Ctrl + J复制得到"背景 拷贝"图层，再将该图层重命名为"图层1"。选择"图层1"图层，执行"选择 > 天空"菜单命令，Photoshop会自动对图像进行判断并创建天空的选区，如图4-77所示。

02 虽然此时选中的是天空，但主体对象却是除天空之外的其余部分，所以需在保持当前选区的情况下，在按住Alt键的同时单击"添加图层蒙版"按钮█，为当前选区创建相反的蒙版，效果如图4-78所示。

图 4-77

图 4-78

03 在透明背景下，天空被完全抠除，主体对象似乎都被保留了下来，为了保险起见，最好再进入蒙版内部观察一下灰度图像的情况。在按住Alt键的同时单击蒙版缩略图，进入蒙版的灰度图像，效果如图4-79所示。

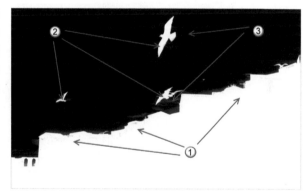

图 4-79

技巧提示

通过灰度图像可以看出，"天空"命令处理得并不完美，灰度图像暴露出以下3个问题。

第1个：本应该全黑色的天空背景，飘散着许多灰色区域，且本案例中并没有透明度的设置，所以这些灰色区域是不应该存在的，需要将其变为黑色。

第2个：靠近天空的建筑也有灰色区域存在，应该将其变为白色。

第3个：天空中的海鸟也有灰色区域存在，应该将其变为白色。

对以上这些问题逐个进行分析，可以总结出以下两个要点。

第1个：主体对象（建筑、海鸟）是不应该出现灰色区域的，因为灰色区域代表透明，而这两部分是完全不透明的对象，所以必须要处理。

第2个：从理论上来说，天空必须是全黑色的，但是考虑到新天空"蓝天白云"与旧天空在色彩、色调上基本一致，因此我们即使不处理这些灰色区域，整体效果也不会下降。

04 选择"背景 拷贝"图层（注意，是选择图层，而不是选择蒙版），切换到"对象选择工具" □，将选区的布尔运算设置为"添加到选区"，"模式"设置为"套索"，分3次勾选海鸟，将其选中，如图4-80所示，之后单击图层蒙版，并填充为白色。

05 城镇对象多、边缘杂，因此"对象选择工具" □ 不能很准确地选取城镇，而现阶段还未涉及"色阶"等高级命令，所以建议读者进入蒙版内部，使用白色画笔慢慢涂抹，逐渐将灰色区域变为白色，如图4-81所示。

图 4-80

图 4-81

06 退出蒙版模式，将"蓝天白云.jpg"素材文件拖曳到当前文档，放置在底层，效果如图4-82所示。

图 4-82

07 从效果图中可以看到，在新天空与旧天空相差不大的情况下，用"选择>天空"命令抠图是个不错的选择。最后将"图层1"图层和"蓝天白云"图层选中，按快捷键Ctrl＋G进行编组并重命名，如图4-83所示。

💡 **技巧提示**

下面探讨另外一种情况：新天空与旧天空在色彩、色调上有较大差异。对于这种情况，不建议使用"选择>天空"命令，因为这种方式只能选择天空，而不能处理色彩、色调，此时可以使用"编辑"菜单下的"天空替换"命令。

08 选择"背景"图层，按快捷键Ctrl＋J复制，得到"背景 拷贝2"图层，选择该图层，执行"编辑 > 天空替换"菜单命令，打开"天空替换"对话框，如图4-84所示。

图 4-83

图 4-84

09 打开"天空"下拉列表框,从中选择一张黄昏时分的天空图片,其他参数保持默认,单击"确定"按钮（），Photoshop将自动抠除原有天空,并且替换上新天空,如图4-85所示。

10 观察"图层"面板,可以发现执行"天空替换"命令后,Photoshop生成了"天空替换组",里面有3个图层,如图4-86所示,其中后两个图层的作用就是保证在替换新天空后,主体对象在色彩、色调上与新天空保持一致。

图 4-85

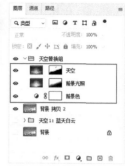

图 4-86

💡 **技巧提示**

替换前后的主体建筑对比情况如图4-87所示。从图中可以看到,换上日落黄昏的天空后,建筑物的色彩明显变暖,并且色调相应变暗,以呼应新天空。

图 4-87

11 将"背景 拷贝2"图层上移一层,加入"天空替换组"中,并且将组重命名为"天空2:日落黄昏",如图4-88所示。到这里,"魔法换天"的两类应用场景都已举例完毕,本案例到这里圆满结束。

图 4-88

案例训练:使用"画笔工具"和滤镜抠取文艺青年

素材文件	素材文件 > CH04 > 文艺青年.jpg
实例文件	实例文件 > CH04 > 使用"画笔工具"和滤镜抠取文艺青年.psd
视频文件	视频文件 > CH04 > 使用"画笔工具"和滤镜抠取文艺青年.mp4
技术掌握	掌握"画笔工具"、滤镜在蒙版中的使用技巧

原图和抠取效果如图4-89~图4-91所示。

图 4-89　　　　　　　　　图 4-90　　　　　　　　　图 4-91

图像分析

请读者在操作过程中注意以下4个要点。

第1个： 这是一张文艺青年手持相机的街边摄影图，主体对象是文艺青年，背景是虚化的街道。

第2个： 由于虚化，主体人物的身体轮廓与背景的分界线非常清晰，有利于使用"选择 > 主体"菜单命令创建选区。

第3个： 女生左侧的头发与深色的砖墙对比不明显，如图4-92所示。因此不能确定"选择 > 主体"菜单命令能否将其顺利分辨出来，如果分辨不出来，就需要利用其他方法创建这部分选区。

第4个： 女生的额头、肩膀处都有飘散的头发，如图4-93所示。可以确定的是，"选择 > 主体"命令无法选取如此细小且杂乱的发丝，用其他方式也不好处理。这时可以按照从整体上把控抠图效果的原则，直接放弃这部分发丝。

图 4-92　　　　　　　　　　　　　图 4-93

操作步骤

01 打开"文艺青年.jpg"素材文件，选择"背景"图层，按快捷键Ctrl + J复制得到"背景 拷贝"图层，再将其重命名为"图层1"。选择"图层1"图层，执行"选择 > 主体"菜单命令，Photoshop将自动对当前图像进行分析并创建出主体对象的选区，如图4-94所示。

02 保持选区的选中状态，单击"图层"面板下方的"添加图层蒙版"按钮 ▢，为当前选区创建图层蒙版，如图4-95所示。

图 4-94　　　　　　　　　　　　　图 4-95

03 选择"图层1"图层,在按住Ctrl键的同时单击"图层"面板下方的"创建新图层"按钮➕,在"图层1"图层的下方新建空白图层,并将其填充为纯色(这里为白色),如图4-96所示。

04 在白色背景下不容易看出选区的瑕疵,可以将背景换成淡绿色,并将图层的"不透明度"降为50%,同时显示"背景"图层,这样就可以很容易地发现相机和人物袖口区域有不少的瑕疵,如图4-97所示。

图 4-96

图 4-97

05 相机是棱角分明的对象,几何特征明显,如果使用"画笔工具"✐涂抹,虽说可以将丢失的细节补救回来,但是很难保证涂抹的部分位于相机平直的区域内,所以这里需使用"多边形套索工具"⬦创建选区。

具体步骤

①切换为"多边形套索工具"⬦,分别在相机端面的起点、终点处单击创建选区,如图4-98所示。

②创建出多边形选区后,选择图层蒙版,将其填充为白色,将该区域显示出来,如图4-99所示。

③女生的手指部分,可以使用白色"画笔工具"✐进行涂抹,将其修复,如图4-100所示。

图 4-98

图 4-99

图 4-100

06 接下来处理女生袖口区域,通过观察可以发现,这部分选区既不像相机那样具有明显的几何特征,也不像手指那样在某个区域突然凹陷进去一部分,它就是沿着袖口的路径整体缩小了一圈。对于这种情况,使用"最大值"滤镜来修复最合适不过了。

具体步骤

①使用"套索工具"♀.创建选区，创建的选区要包含人物袖口部分，如图4-101所示。

②选择蒙版，执行"滤镜>其他>最大值"菜单命令，设置"半径"大小为1px，勾选或取消勾选"预览"复选框，如图4-102所示，就可以在应用与未应用两个状态之间来回切换，从而清晰地观察"最大值"滤镜的修复效果。

图 4-101

图 4-102

07 袖口修复完毕，下面的袖子的修复过程也类似，这里不再赘述。全部修复完成后，将纯色背景改成白色，图层"不透明度"恢复为100％，如图4-103所示，抠图顺利完工。

技巧提示

通过本案例的学习，读者要意识到，在修复主体对象时，"画笔工具"✐.的功能虽然强大，但是也并非适用于所有场景，要学会分析对象，并且根据对象的特征灵活选择各种工具编辑蒙版。

图 4-103

案例训练：使用"最小值"和"中间值"滤镜抠取咖啡壶

素材文件	素材文件＞CH04＞咖啡壶.jpg
实例文件	实例文件＞CH04＞案例训练：使用"最小值"和"中间值"滤镜抠取咖啡壶.psd
视频文件	案例训练：使用"最小值"和"中间值"滤镜抠取咖啡壶.mp4
技术掌握	掌握"最小值""中间值"滤镜在蒙版抠图中的应用

原图和抠取效果如图4-104～图4-106所示。

图 4-104

图 4-105

图 4-106

图像分析

请读者在操作过程中注意以下3个要点。

第1个： 这是一张咖啡壶的摄影图，主体对象是咖啡壶，背景是深褐色的桌子。

第2个： 相比于前面的几个案例，咖啡壶具有明显的几何线条特征，壶体的每一处都是平滑曲线，同时由于背景中叉子、勺子的干扰，使用"选择 > 主体"菜单命令不一定能完美地选出壶体。

第3个： 面对这种具有光滑曲线的产品类对象时，使用"选择并遮住"命令和"画笔工具" _/_ 来抠取并不是很合适，在这种背景下安排本案例，有两个目的：①介绍"最小值"滤镜、"中间值"滤镜在蒙版中的应用；②让读者认识到结合使用"选择 > 主体"命令和蒙版来抠图的局限性，为第5章讲解"钢笔工具" _∅_ 做铺垫。

操作步骤

01 打开"咖啡壶.jpg"素材文件，选择"背景"图层，按快捷键Ctrl+J复制得到"背景 拷贝"图层。选择"背景 拷贝"图层，执行"选择 > 主体"菜单命令，Photoshop将自动对图像进行判断并创建选区，如图4-107所示。

02 保持选区的选中状态，为当前选区创建图层蒙版，效果如图4-108所示。此时的抠图效果证实了之前的猜想，即"选择 > 主体"命令并不能很好地将壶体选取出来，所以需要在此基础上对蒙版进行编辑，将不需要的背景隐藏，同时将丢失的主体对象找回来。

03 按快捷键B切换到"画笔工具" _/_ ，设置好笔刷大小与前景色（黑色）后，将笔刷的"硬度"设置为100%。选中蒙版，使用黑色画笔涂抹，将背景逐渐隐藏，如图4-109所示。

图 4-107

图 4-108

图 4-109

💡 **技巧提示**

之所以要将"画笔工具" _/_ 的"硬度"参数设置成最大，是因为像咖啡壶这种产品类对象，它本身不带任何虚化，需要清晰锐利的边缘，而只有将笔刷硬度调成最大，才能涂抹出这种效果。

观察"画笔工具" _/_ 涂抹后的效果，整体效果似乎还不错，但是将图像放大，就暴露出图4-110所示的两个问题。

第1个：壶柄内、外缘有一圈黑色杂边。

第2个：壶身极不光滑。

图 4-110

04 选中蒙版，执行"滤镜 > 其他 > 最小值"菜单命令，在弹出的对话框中将"半径"设置为1px。应用"最小值"滤镜后，黑色杂边被隐藏了，如图4-111所示。

05 选中蒙版，执行"滤镜 > 杂色 > 中间值"菜单命令，打开"中间值"对话框，设置较大的半径值（5px）。应用"中间值"滤镜后，壶身明显光滑了不少，如图4-112所示。

应用前　　　　　　　　　　应用后

图 4-111

图 4-112

💡 **技巧提示**

　　细心的读者可能会发现，经过"中间值"滤镜处理后，壶身不光滑问题得到改善，但是没有彻底解决，还是能看到壶身不平整的地方。所以在面对类似咖啡壶这种几何特征非常明显的对象时，自动识别与手动涂抹的抠图方法就不那么适用了，必须要使用更加专业且强大的工具来完成这类对象的抠取。

4.4 本章技术要点

　　本章主要介绍了蒙版的相关知识，创建出选区后，将选区以蒙版的方式呈现，既达到了隐藏背景的目的，又不会对图像造成破坏。可以说，蒙版将备份的思想体现得淋漓尽致。蒙版本身并没有生成选区的能力，可是一旦和其他抠图工具与命令结合，就能迸发出无穷的能量，无论是抠图体验还是抠图效率，都有了极大的提升。

　　纵观第3章、第4章的案例训练，它们都围绕智能这个关键词展开，选区基本都是靠Photoshop智能识别生成的，这在提高效率的同时也暴露出一些问题，那就是选区的好坏完全依赖于Photoshop的智能算法，不受用户控制，一旦遇到稍微复杂的对象，识别结果往往不尽如人意。所以我们需要掌握其他的抠图工具、命令以备不时之需。从第5章开始，将逐渐介绍一些高级的抠图工具、命令，它们非常"吃经验"，参数也比较多，需要读者进行大量的练习。凡事总有好有坏，使用这些高级抠图工具与命令来抠图，虽然更耗时，但是对图像的可控程度大大提高。个人建议读者走出智能选择的舒适区，尝试去接触、使用更高级的工具、命令，在这个过程中加深对选区、抠图的理解。

第 **5** 章

钢笔工具抠图技法

"钢笔工具"是Photoshop中非常强大的工具，它可以以"锚点＋控制柄"的方式创建贝塞尔曲线，可以完美贴合物体边缘，是产品类抠图的不二之选。本章以贝塞尔曲线为引，全面介绍Photoshop中"钢笔工具"的使用方式与抠图技法。学完本章后，读者再也不用担心产品边缘不平整的问题了。

学习重点 🔍

案例训练：使用"钢笔工具"抠取耳机 /116

案例训练：使用"钢笔工具"抠取项链 /119

案例训练：使用"钢笔工具"抠取平底锅 /122

案例训练：结合参考线抠取化妆品 /124

5.1 贝塞尔曲线

贝塞尔曲线是一种数学曲线，广泛应用于计算机图形学中，我们所熟知的位图软件Photoshop、矢量绘图软件Illustrator，都提供了绘制贝塞尔曲线的工具——"钢笔工具" ⬠.。本节将从两个方面为读者介绍绘制贝塞尔曲线的方法，为后面学习"钢笔工具" ⬠.打下基础。本节内容的学习思路如图5-1所示。

图 5-1

5.1.1 贝塞尔曲线概述

在计算机图形学中，大部分情况下绘图是通过鼠标完成的。绘制同样一条路径，鼠绘和手绘天差地别。即使是一位手法娴熟的画师，想用鼠标绘制出各方面符合要求的曲线也不是一件容易的事。贝塞尔曲线的出现在很大程度上弥补了这一缺憾，使通过鼠标绘制所需曲线成为一件非常容易的事。在计算机图形学，尤其是矢量图形学中，贝塞尔曲线有着举足轻重的地位。

5.1.2 锚点与控制柄

在Photoshop中，钢笔工具通过锚点与控制柄来控制贝塞尔曲线的形状，在图5-2所示的贝塞尔曲线中，曲线上的红色小正方形就是锚点，红色小圆与细线构成了控制柄，锚点可以移动位置，控制柄可以调节长度、角度。在调整锚点与控制柄的过程中，贝塞尔曲线会像橡皮筋一样同步变化，通过锚点与控制柄可以调节出任意形状的曲线。

根据锚点两侧曲线的过渡情况，可将锚点分为平滑点和角点，如图5-3所示，可以看出平滑点左右两侧的控制柄成180°夹角，曲线在此处过渡柔和，视觉上呈现出平滑、圆润的效果；角点没有控制柄或者两侧的控制柄不成180°夹角，曲线在此处过渡生硬，视觉上呈现出尖锐、硬朗的效果。

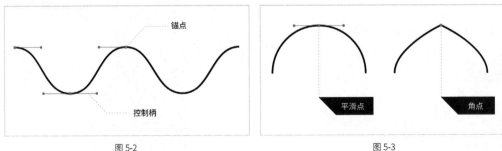

图 5-2　　　　　　　　　　　　　　　　图 5-3

角点和平滑点根据有无控制柄及控制柄之间的夹角，又分为以下几种情况。

角点

角点的控制柄有3种情况，如图5-4~图5-6所示。

图 5-4 图 5-5 图 5-6

平滑点

平滑点的控制柄主要有两种情况，如图5-7和图5-8所示。

图 5-7 图 5-8

5.2 "钢笔工具"的属性栏

"钢笔工具" ⌀.的属性栏如图5-9所示，本节着重讲解"模式""橡皮带""自动添加/删除"这3个功能，属性栏中的其他参数要么在抠图中应用得很少，要么有更好的替代方法，因此简单介绍即可。本节内容的学习思路如图5-10所示。

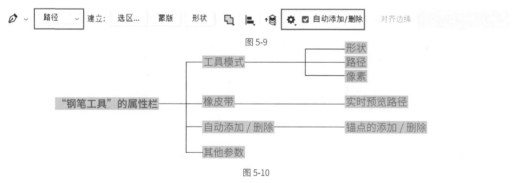

图 5-9

图 5-10

5.2.1 工具模式

在使用"钢笔工具" ⌀.之前，需要选择工具模式，Photoshop提供了"形状""路径""像素"3种工具模式，如图5-11所示，在不同的模式下绘制结果会有很大不同。

图 5-11

形状

选择"形状"工具模式后，"钢笔工具" ⌀.的属性栏会发生些许变化，新增了"填充""描边"以及与描边相关的一些选项，如图5-12所示。用"钢笔工具" ⟋.绘制出的路径有填充和描边两个属性，描边很容易理解，填充指的是为路径围成的区域所赋予的颜色。填充、描边和路径三者的关系如图5-13所示。

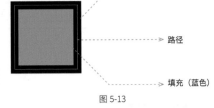

图 5-13

图 5-12

分别单击"填充"和"描边"右侧的矩形取色器，就可以更改填充、描边的颜色，描边除了可以更改颜色外，还可以设置粗细。此外，单击"描边"右侧的下拉按钮，在弹出的下拉列表中单击"更多选项"按钮，可以对描边属性进行更详细的设置，如图5-14所示。

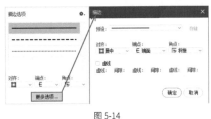

图 5-14

描边类型

Photoshop提供了3种设置路径形状的描边类型：实线、虚线和圆点，效果如图5-15所示。如果想设置更为复杂的描边，就需要借助"虚线"功能来实现。

对齐

"对齐"选项用于设置路径和描边的对齐关系，默认情况下，路径在描边的中间，即"居中"模式。当增大描边的数值时，描边会以路径为中心，同时向内、向外扩展。除了默认的"居中"模式外，还有"内部"和"外部"两种模式，在这两种模式下增大描边数值，描边只会向一侧扩展。在3个路径大小相同的图形中，设置不同的描边对齐方式，图形的显示效果有很大不同，如图5-16所示。

图 5-15

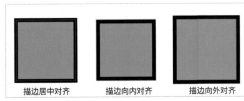

描边居中对齐　　描边向内对齐　　描边向外对齐

图 5-16

端点

"端点"选项用于控制路径起始点、终止点的显示效果，有"端面"、"图形"和"方形"3个可选项。当路径为开放路径时，在这3个选项之间来回切换，可以观察到它们之间的区别，如图5-17所示。

角点

"角点"选项用于控制锚点（起始、终止两个端点除外）两侧路径的过渡，有"斜接"、"圆形"和"斜面"3个选项。不管是开放路径还是闭合路径，只要改变了角点类型，就能看到明显的效果，如图5-18所示。

端面端点　　　圆形端点　　　方形端点

图 5-17

斜接　　　　圆形　　　　斜面

图 5-18

虚线

"虚线"选项很好理解,就是用来设置描边类型(实线或虚线)的。Photoshop自带的只有3种线型,但是可以通过"虚线"选项设置出更多的线型。要想产生虚线,就需要将实线断开,在Photoshop的"虚线"选项中,断开的线段称为虚线,而两线段之间的空隙称为间隙,如图5-19所示。

Photoshop一共提供了3组虚线+间隙参数,通过设置这3组参数,就可以得到我们想要的虚线类型。

第1个: 如果只启用一组,并且设置虚线=间隙,那么所产生的就是平时最常见的虚线类型。

第2个: 如果启用两组,就可以制作出点画线的效果,如图5-20所示。启用3组,可生成双点画线,这里就不再详述了,读者自行尝试即可。

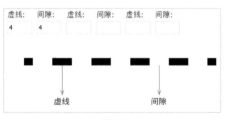

图 5-19

图 5-20

如果将"虚线"选项与"端点"选项配合,又可以产生更多的线型。

第1个: 将端点设置成默认的"端面"端点,接着将"虚线"和"间隙"的数值设置得和描边宽度一样,此时虚线变成了小正方形,如图5-21所示。

第2个: 将端点设置为"圆形"端点,启用1组虚线+间隙参数,其中"虚线"设为0,"间隙"设置为与描边宽度相同的数值,此时会发现,虚线变成了一个个小圆形,并且每个圆都紧挨着,如图5-22所示。

图 5-21

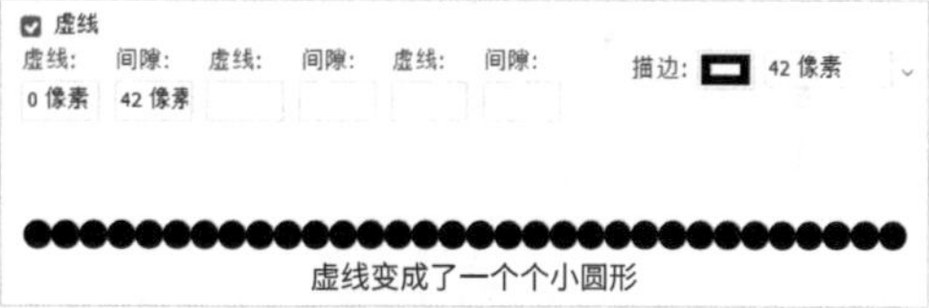

图 5-22

第3个: 此时如果将"间隙"的值调大,使之大于描边宽度的数值,可以发现圆形之间产生了距离,如图5-23所示。反之,如果"间隙"的值小于描边宽度的数值,每个圆之间会相互挤压,如图5-24所示。

图 5-23

图 5-24

以上就是对"钢笔工具" ✍. 中"形状"工具模式的介绍。其实在用Photoshop进行抠图时,我们基本不会使用到"钢笔工具" ✍.的"形状"工具模式,但这里仍用比较长的篇幅介绍它,主要有以下两个目的。

第1个: "形状"工具模式虽然在抠图中极少使用,但是在鼠绘中应用广泛。使用"钢笔工具" ✍.可以绘制出各种各样的路径，再配合"填充"与"描边"，可操作性大大提高。下面展示两幅鼠绘作品，相信读者能从中看出"形状"工具模式下"钢笔工具" ✐.的妙处，如图5-25和图5-26所示。

图 5-25   图 5-26

第2个：上面有关"描边"的参数解读，同样适用于Illustrator，在掌握了上面的参数设置后，再去学Illustrator，就会轻松很多。

路径

在"形状"工具模式下绘制路径，不仅可以设置填充、描边，还会在"图层"面板中自动新建形状图层；而在"路径"工具模式下，所有与路径相关的外在属性（填充、描边）都被完全去除，只留下路径本身，如图5-27所示。

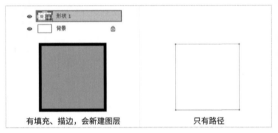

图 5-27

在抠图时我们需要用"钢笔工具" ✐.沿主体对象边缘勾勒出平滑的路径，然后转化成选区。在"形状"工具模式下，路径被描边、填充这些外在属性所包裹，我们很难观察到路径与主体对象的贴合情况，会对抠图带来极大的干扰，如图5-28所示。而在"路径"工具模式下，只有路径本身，这与我们抠图时的需求十分契合，因此，"路径"工具模式就成了"钢笔工具" ✐.抠图时的不二之选，如图5-29所示。

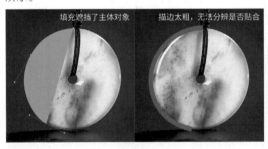

图 5-28   图 5-29

像素

除了"形状"工具模式与"路径"工具模式外，还有一个"像素"模式，只不过"钢笔工具" ✐.无法使用该模式，只有切换到形状绘制工具时，该模式才会被激活。在该模式下，可以直接在图层中绘制栅格图形，但不会创建矢量图形。简单来说，在"像素"模式下使用形状绘制工具绘制一个黑色矩形，就相当于创建一个矩形选区并为选区填充黑色。这个模式读者简单了解即可，其在实际工作、学习中使用频率很低。

5.2.2 橡皮带

本小节将给读者介绍一个看似不起眼，但对绘制路径的准确性起着至关重要作用的选项——"橡皮带"。单击"钢笔工具"属性栏中的"设置其他钢笔和路径选项"按钮✿，会弹出"路径选项"设置面板，如图5-30所示，在面板的最下方便是"橡皮带"选项。

图5-30

橡皮带在绘制路径时的作用

勾选"橡皮带"复选框表示激活该选项。通俗来讲，"橡皮带"具有实时预览路径的功能，通过前几章的铺垫，想必读者已经知道实时预览对于抠图的重要性了。激活该功能后，不管是绘制直线路径还是曲线路径，在单击下一个锚点之前，都可以提前预览路径，对于减少撤销次数、改善使用体验、提高绘制准确性有着巨大的帮助，如图5-31和图5-32所示。这里建议读者在绘制路径时，一定要开启"橡皮带"选项。

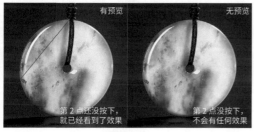

图5-31

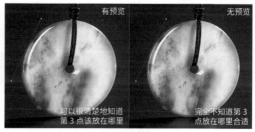

图5-32

橡皮带的参数设置

在"路径选项"面板中可以对橡皮带进行颜色和粗细的设置。"粗细"选项类似于"形状"模式中的描边，数值太大会导致路径遮盖主体对象，使我们无法分辨路径是否与主体对象完全贴合；数值太小又很难观察到路径的存在，因此需要结合实际情况设置一个合适的值。"颜色"选项用来修改路径的颜色，默认情况下，路径呈蓝色，但是在实际抠图时，难免会遇到边缘也是蓝色的主体对象，在这种情况下使用默认的蓝色路径会很难分辨出路径，如图5-33所示。所以路径颜色的选取需要遵循路径颜色与主体对象颜色对比越强越好的原则。

图5-33

5.2.3 自动添加/删除

"自动添加/删除"选项位于"设置其他钢笔和路径选项"按钮✿的右侧，如果将其前面的复选框勾选，就表示开启该功能。开启"自动添加/删除"功能后的"钢笔工具"✐相当于身兼"钢笔工具"✐、"添加锚点工具"✐、"删除锚点工具"✐三职，如图5-34所示。此时的"钢笔工具"✐既可以绘制路径，也可以添加或删除锚点，非常方便。

图 5-34

"自动添加/删除"功能使用起来非常方便，在使用"钢笔工具" ⌀.绘制路径的过程中，如果想删除某个锚点或想在某段路径上再添加锚点，不需要切换工具，直接使用"钢笔工具" ⌀.即可完成，具体方法如下。

删除锚点：将鼠标指针移动到要删除的锚点上，此时鼠标指针会由 ⌀.临时切换为 ⌀.，单击就可以将该锚点删除。

添加锚点：将鼠标指针移动到要添加锚点的路径上，此时鼠标指针会由 ⌀.临时切换为 ⌀.，单击就可以添加一个锚点。

5.2.4 其他参数

除了上面介绍的3个比较重要的参数外，"钢笔工具" ⌀.的属性栏中还有一些平时不怎么用的参数，接下来为读者简单介绍一下。

路径的布尔运算

在"钢笔工具" ⌀.属性栏中可以设置路径间的布尔运算，如图5-35所示。选择"合并形状"选项，在文档窗口上创建两段路径，如图5-36所示，会发现路径并没有按照我们设想的进行合并，但是在载入路径的选区后可以发现，这两段路径确实合并了，如图5-37所示。

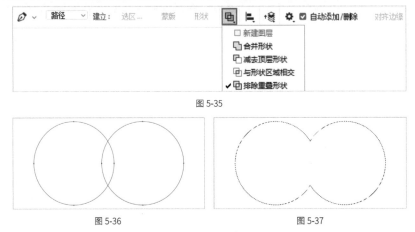

图 5-35

图 5-36   图 5-37

在抠图中不推荐读者使用这种方式对路径进行布尔运算，因为把所有路径都绘制到一起，一旦路径过多，将会变得非常难管理。因此在5.4节，将为读者介绍一种基于"路径"面板的更加便捷的路径运算方式。

路径的对齐

在"钢笔工具" ⌀.的属性栏中，还可以对路径进行对齐和分布操作，如图5-38所示。可以设置路径与文档窗口对齐，也可以设置其与选区对齐，具体设置方式和"移动工具" ⊕.下对齐与分布的设置方式一样。路径的对齐在抠图中几乎不用，感兴趣的读者可以自行尝试一下，这里不展开讲解。

图 5-38

5.3 "钢笔工具"使用技巧

在了解了"钢笔工具" ⌀.的属性栏并且对相关参数进行设置后,接下来就可以开始绘制路径了,本节将为读者介绍绘制路径、修改路径的各种技巧。本节内容的学习思路如图5-39所示。

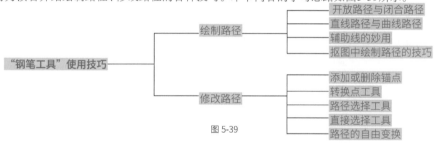

图 5-39

5.3.1 绘制路径

使用"钢笔工具"绘制路径是使用"钢笔工具" ⌀.抠图的前提,所以本小节将从4个方面来介绍绘制路径的各种技巧。

开放路径与闭合路径

绘制开放路径

起点与终点不重合的路径称为开放路径,如图5-40所示。在绘制过程中,如果希望在中途停止绘制,那么可以通过下面两种方式实现。

第1种: 直接按Esc键退出路径绘制模式。

第2种: 在按住Ctrl键的同时单击文档窗口空白处。

起点与终点不重合,即为开放路径

图 5-40

绘制闭合路径

起点与终点重合的路径称为闭合路径，如图5-41所示。在使用"钢笔工具" ∅.绘制闭合路径时，当终点与起点重合时，鼠标指针的形态会发生变化（由 ♠.变为 ♠.），这可以作为判断路径是否闭合的依据。

在开放路径的终点处继续绘制

在绘制路径的过程中，如果想在已存在的开放路径的起点、终点处接续绘制，只需在选择"钢笔工具" ∅.后，将鼠标指针靠近开放路径的起点或终点，当鼠标指针的形态由 ♠.变成 ♠.时，单击就可以在开放路径的基础上继续绘制了，如图5-42所示。

起点与终点重合，即为闭合路径

图 5-41

使用"钢笔工具"可以在开放路径的基础上继续绘制

图 5-42

直线路径与曲线路径

直线路径

用"钢笔工具" ∅.绘制直线路径非常简单，每单击一次，就会创建出一个锚点，也就是说，对于直线路径，我们只需要关注锚点的数量、位置即可。直线路径虽然简单，但是在处理一些外形规则的对象时，能发挥大作用。图5-43所示的计算器、环保纸袋使用"钢笔工具" ∅.处理，不仅操作方便、快速，还能保证产品边缘的平整。

曲线路径

绘制直线路径时利用了锚点的位置和数量，绘制曲线路径则还需要利用锚点的控制柄。在单击产生第2个锚点后拖曳一段距离再松开鼠标左键，一个带有控制柄的锚点就被创建出来了，如图5-44所示。控制柄的长度、角度取决于鼠标拖曳的位置，在控制柄的加持下，曲线就像橡皮筋一样，可以不断变化形状，理论上我们可以绘制出任意想要的曲线。

图 5-43

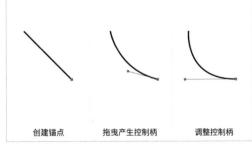

创建锚点　　拖曳产生控制柄　　调整控制柄

图 5-44

使用"钢笔工具" ∅.绘制路径时，有以下技巧。

第1个： 配合Shift键，可使控制柄在水平、垂直、斜45°这3种状态下变化。

第2个： 配合Ctrl键，可调整锚点位置、控制柄。

使用"钢笔工具" ⬦.绘制路径时按住Ctrl键,会临时切换为"直接选择工具"(鼠标指针变成白箭头),此时可以移动锚点,改变其位置,也可以调整控制柄的角度和长度,如图5-45和图5-46所示。

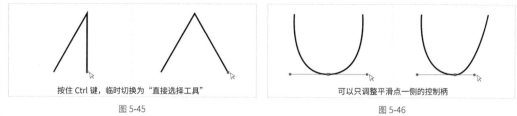

按住 Ctrl 键,临时切换为"直接选择工具"

图 5-45

可以只调整平滑点一侧的控制柄

图 5-46

第3个: 配合Alt键,可以将平滑点转化为角点。

使用"钢笔工具" ⬦.绘制曲线路径时,创建的锚点都是平滑点,也就是说,不管如何调整控制柄的长度与角度,另外一侧的控制柄都会同步改变,两侧的控制柄始终在同一直线上。如果有绘制角点的需求,可以在按住Alt键的同时靠近锚点的控制柄,"钢笔工具" ⬦.会临时切换为"转换点工具"⌐,此时再拖曳控制柄,就只有一侧的控制柄在变化,调整过后,由于两侧的控制柄不成180°,所以平滑点就被转化成了角点,如图5-47所示。

第4个: 配合Alt键,可以将锚点一侧的控制柄打断。

使用"钢笔工具" ⬦.创建出来的锚点都是平滑点,要想将其变成角点,除了修改控制柄,使其夹角不成180° 外,还有一种办法:将另一侧的控制柄打断,当锚点只有一个控制柄时,自然就成了角点。在按住Alt键的同时,将鼠标指针移动至锚点处,当鼠标指针由▲变成▲时单击,锚点一侧的控制柄就会被打断,如图5-48所示。

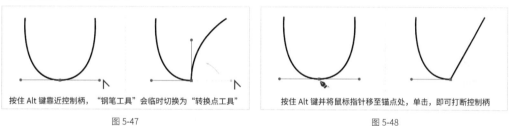

按住 Alt 键靠近控制柄,"钢笔工具"会临时切换为"转换点工具"

图 5-47

按住 Alt 键并将鼠标指针移至锚点处,单击,即可打断控制柄

图 5-48

辅助线(参考线、网格线)的妙用

Photoshop中的参考线和网格线

在Photoshop中绘制路径时,锚点、控制柄可以自动吸附到辅助线上,因此在某些情况下我们可以使用辅助线来辅助绘制。Photoshop中的辅助线有参考线和网格线两种。

第1种: 参考线。

按快捷键Ctrl + R或执行"视图 > 标尺"菜单命令可打开标尺,反复按快捷键Ctrl + R,Photoshop中的标尺可在打开与关闭状态之间来回切换。在标尺打开的前提下,将鼠标指针移动到标尺所在的区域,然后按住鼠标左键向文档窗口内拖曳,就可以创建参考线,如图5-49所示。

第2种: 网格线。

执行"视图 > 显示 > 网格"菜单命令或按快捷键Ctrl + ',可以显示或隐藏网格线,如图5-50所示。

图 5-49

图 5-50

参考线、网格线的设置

执行"编辑 > 首选项 > 参考线、网格和切片"菜单命令或按快捷键Ctrl + K即可打开"首选项"对话框，在该对话框中可以对参考线、网格线进行更加详细的设置，如图5-51所示。

图 5-51

参考线、网格线的应用

前面已经提到，锚点、控制柄会自动吸附到参考线、网格线上，因此可以利用这一特性来绘制一些形状规则的路径，这里使用"钢笔工具" ∅.来绘制一个灯笼路径，加深读者对辅助线的理解。

01 按快捷键Ctrl + '，打开网格线。

02 切换为"钢笔工具"，在网格交界处单击，创建第1点。

03 向上移动两格，单击创建第2点，如图5-52所示。

04 创建第3点和第4点，如图5-53所示。

05 创建第5个点，第5点的位置在第4点斜右下方4个小格处，并且第5点要有控制柄，单侧控制柄长度为4格，如图5-54所示。

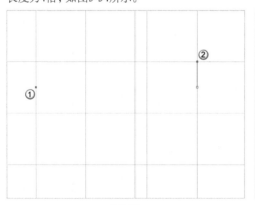

图 5-52

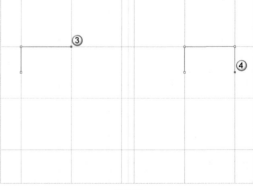

图 5-53

06 创建第6个点，第6点在第5点的左斜下方4格处；接着创建其余的5个点，如图5-55所示，将其全部创建好。

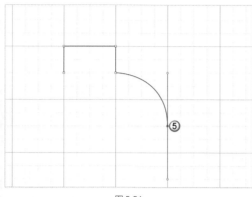

图 5-54

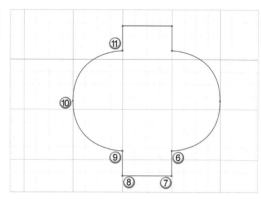

图 5-55

07 按快捷键Ctrl + '，将网格线隐藏，最终效果如图5-56所示。

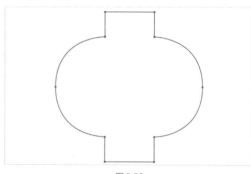

图 5-56

抠图中绘制路径的技巧

尽可能地减少锚点数量

一段曲线可以看作由无数条线段构成，并且分的段数越多，直线越接近曲线。虽然这个想法本身没有问题，但是在实际操作中不适用，因为我们无法绘制出足够多的线段，也无法保证每条小线段的长度和夹角都相等。因此，增加锚点数量只会导致路径不平滑，如图5-57所示。

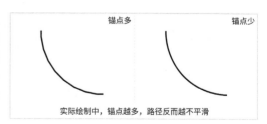

图 5-57

所以在绘制路径时，能用两个锚点拟合的曲线，就别用多个锚点。添加的锚点越多，路径越不平滑，抠图效果越差，如图5-58和图5-59所示。

图 5-58

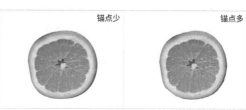

图 5-59

控制柄的拖曳方向要与绘制方向一致才不会使路径打结

很多读者在初次使用"钢笔工具" ✐ 时，会遇到路径打结的问题，如图5-60所示，虽然在路径打结后，可以使用快捷键Ctrl＋Z撤销，但是频繁的撤销操作会影响操作效率及抠图者的心情。

解决路径打结问题的方法非常简单，总结起来就是确保控制柄的拖曳方向与绘制方向一致。在使用"钢笔工具" ✐ 绘制路径时，我们首先需要确定第1个点为起始锚点，之后绘制第2点时，就有沿顺时针方向绘制和沿逆时针方向绘制两个选择，如图5-61所示。

实际绘制中，当控制柄的方向不对时，就会出现路径打结现象

图 5-60

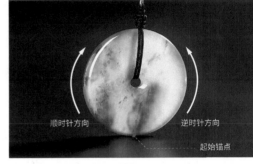

图 5-61

如果我们选择沿逆时针方向绘制，那么在拖曳控制柄时，需要向逆时针方向拖曳（斜向上），此时路径自然就会贴合主体对象。如果想沿逆时针方向绘制，但是实际上向顺时针方向拖曳控制柄（斜向下），那么路径就会打结，如图5-62和图5-63所示。

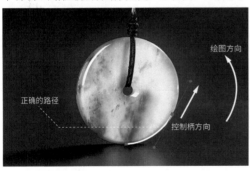

图 5-62

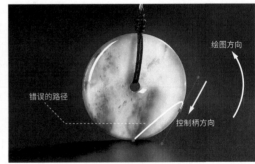

图 5-63

打断锚点一侧的控制柄非常重要

前面讲解了打断锚点一侧控制柄的操作，这个操作在抠图中非常重要。因为要使用较少的锚点来拟合曲线，所以锚点的控制柄势必就会变长，锚点的控制柄越长，对下一段路径的影响就会越大，我们就越难以放开手脚地绘制，如图5-64所示。

所以解决办法就是：在按住Alt键的同时单击锚点，打断其一侧的控制柄，这样下一段路径就完全不受上一个锚点的影响了。但是这样做也有一个小小的弊端：打断控制柄后，锚点变成了角点，原来平滑的曲线会变得有棱角。这个问题可以使用"蒙版＋中间值滤镜"的方法解决，如图5-65所示。此时，有些读者会发现所学的知识慢慢串联起来了，其实抠图从来都不是某个工具或命令就能解决的，而是要多措并举。

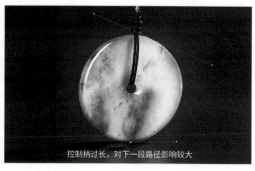

控制柄过长，对下一段路径影响较大

图5-64

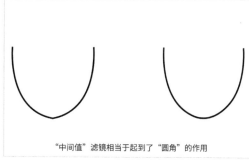

"中间值"滤镜相当于起到了"圆角"的作用

图5-65

在使用"钢笔工具" ⊘.抠图时，最耗时的就是绘制路径的过程。绘制路径最理想的情况是我们创建锚点的位置和控制柄的长度、角度都恰到好处，路径完美贴合主体对象，整个过程一气呵成。要想达到这种水平，除了大量练习外，及时打断锚点一侧的控制柄也是非常关键的。

5.3.2 修改路径

路径绘制完成后，我们免不了要对其进行修改，所以本节为读者介绍修改路径的工具与技巧。

添加或删除锚点

"添加锚点工具"与"删除锚点工具"位于"钢笔工具" ⊘.组内，可用于添加或删除路径上的锚点，如图5-66所示。在"钢笔工具" ⊘.属性栏中勾选了"自动添加/删除"复选框后，就不用刻意去选择"添加锚点工具"和"删除锚点工具"了。

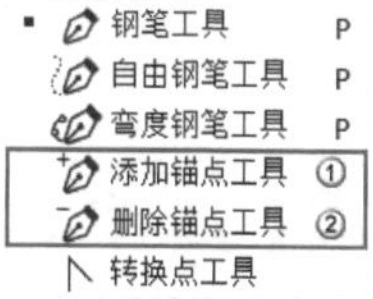

图5-66

转换点工具

顾名思义，"转换点工具" ⼑.可以转换锚点的类型：① 使用"转换点工具"在锚点上单击，可以将平滑点转换为角点，同时将锚点两侧的控制柄全部打断；② 使用"转换点工具"单击锚点并拖曳，会将角点转换成平滑点，并且平滑点两侧的控制柄等长；③ 除了单击锚点外，还可以使用"转换点工具"直接拖曳锚点的控制柄，调节其角度、长度，且不会影响到另一侧的控制柄。

选择"钢笔工具" ⊘.后，在按住Alt键的同时将鼠标指针指向锚点、控制柄，"钢笔工具" ⊘.会临时切换为"转换点工具" ⼑.。有了这个快捷操作，就不用先切换到"转换点工具"，再调整路径了。

路径选择工具

"路径选择工具" ▶.又称为黑箭头，用于选择整段路径，快捷键为A。在选择路径的方式上，可以框选，也可以点选，选中的路径会显示路径的锚点，并且锚点全部是实心填充的，如图5-67所示。由于选择的是整段路径，因此路径选择工具的主要用途就是移动、对齐路径，配合参考线与"对齐""分布"选项，对路径进行非常精准的操作，如图5-68所示。

路径被选中　　　　　　路径未被选中

图5-67

图5-68

直接选择工具

"直接选择工具" ▷.又称为白箭头，它可以单独选中路径上的一个或几个锚点，通过调整锚点与控制柄，实现调节路径的目的，快捷键为A。如果说黑箭头是对路径的整体调节，那么白箭头就是对路径的局部调节。使用白箭头选中某个锚点后，该锚点会显示为实心填充，而未被选中的锚点则会显示为描边填充，如图5-69所示。在使用"钢笔工具"绘制路径的过程中，为了使曲线贴合主体对象，除了可以调节控制柄外，还可以调节锚点的位置：按住Ctrl键，"钢笔工具" ⌀.会临时切换为"直接选择工具"，此时就可以移动锚点的位置了。

路径的自由变换

与选区类似，路径也可以进行自由变换，通过自由变换可以对路径进行缩放、旋转等操作。用"路径选择工具" ▷.选中路径后，直接按快捷键Ctrl + T即可调出自由变换控制框，如图5-70所示。

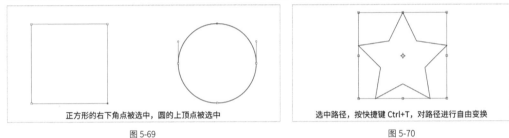

正方形的右下角点被选中，圆的上顶点被选中

图 5-69

选中路径，按快捷键 Ctrl+T，对路径进行自由变换

图 5-70

5.4 "路径" 面板

"路径"面板是学习路径必须要掌握的，与"图层"面板类似，在"路径"面板中可以实现对路径的一些操作，包括路径的存储、填充、描边和路径与选区的相互转换等。本节从抠图的角度出发，从3个方面为读者介绍"路径"面板，相关内容的学习思路如图5-71所示。

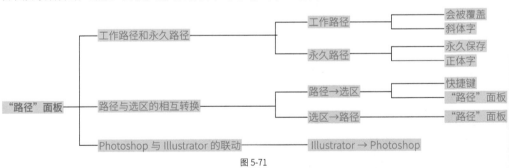

图 5-71

5.4.1 工作路径和永久路径

在使用"钢笔工具" ⌀.绘制路径的过程中，Photoshop会在"路径"面板中同步建立一个"工作路径"，如图5-72所示。这个出现在"路径"面板中的"工作路径"是一种临时路径，当开始绘制下一段路径时，新路径就会覆盖原有路径，成为新的"工作路径"，与此同时，原路径就消失了。

既然是临时路径，自然不符合我们之前一直强调的随时备份的思想，特别是那些我们花了好多时间精心绘制的路径，如果不保存，下次绘制路径时会被直接覆盖，损失巨大。所以及时保存路径显得格外重要。我们在绘制完一段路径后，应该切换到"路径"面板，双击"工作路径"，在弹出的"存储路径"对话框中单击"确定"按钮（确定）将其保存为永久路径，如图5-73所示。

图 5-72　　　　　　　　　　　　　　　　　　图 5-73

5.4.2 路径与选区的相互转换

在抠图中，我们绘制路径的最终目的就是将其转换为选区，本小节就来介绍路径与选区间相互转换的方法。

路径转换为选区

选中路径后按快捷键Ctrl + Enter就可以将路径转换为选区，不过这种方法仅适用于只有1条路径的情况。如果有多条路径，并且需要进行布尔运算时，就要借助"路径"面板了。在按住Ctrl键的同时单击路径的缩略图，就可以载入路径的选区，如图5-74所示。与此同时，配合Alt键和Shift键可以实现选区的减法、加法运算，这与前面几章所讲的技巧是一致的。

图 5-74

在5.2节中讲解钢笔工具的属性栏时提到，不建议读者使用其中的布尔运算，因为那样会把多条路径绘制到同一个工作路径中，非常不方便后期管理。因此建议读者每绘制完一段路径，就去"路径"面板将其保存，保存之后一定要单击一下"路径"面板的空白处，取消当前路径的选择，然后再绘制下一段路径，这样绘制出来的每段路径都能被单独保存。绘制同样的路径，采用不同的方式，"路径"面板的情况完全不同，如图5-75和图5-76所示。

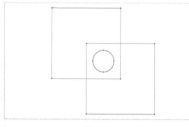

图 5-75

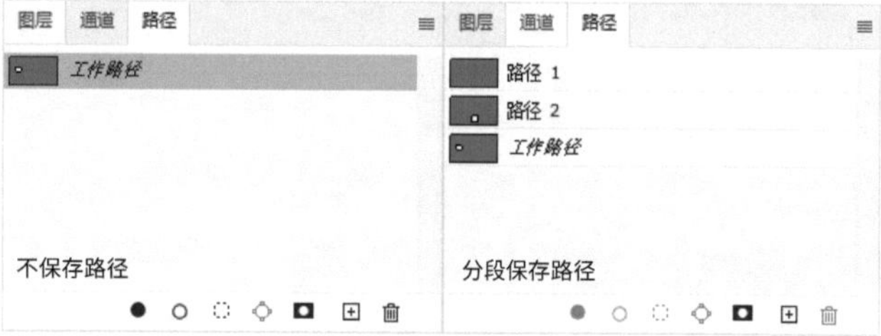

图 5-76

将路径分开存储，能使路径更有条理，也更容易编辑。例如想对分段保存的"路径1""路径2""路径3"进行布尔运算非常简单，首先按住Ctrl键并单击"路径1"的缩略图，载入路径1的选区，接着同时按住Ctrl键和Shift键，单击"路径2"的缩略图，将路径2的选区与路径1的选区合并，最后同时按住Ctrl键和Alt键，单击"路径3"的缩略图，减去路径3的选区。示例过程如图5-77所示，其中，两个正方形即路径1和路径2，圆形为路径3。

图 5-77

选区转换为路径

如同路径可以转换为选区一样，选区也可以转换为路径。创建出选区后，切换到"路径"面板，单击"从选区生成工作路径"按钮⬦就可以将选区转换为路径，如图5-78所示。抠图的核心是选区的创建，因此选区转换为路径的操作并不常用，这里就不过多介绍了。

图 5-78

5.4.3 Photoshop与Illustrator的联动

Illustrator是一款专业的矢量绘图软件，在路径绘制方面，远胜于Photoshop，由于Photoshop与Illustrator同属Adobe公司，因此二者有很好的兼容性，可以联动应用于抠图实践。例如，一些复杂的路径可以先在Illustrator中绘制好，然后直接导入Photoshop中使用，方便且高效。

这里介绍如何将Illustrator中创建的路径导入Photoshop中。首先在Illustrator中选中路径，按快捷键Ctrl + C复制；接着打开Photoshop，按快捷键Ctrl + V粘贴，此时会弹出"粘贴"对话框，选中"路径"单选按钮后，单击"确定"按钮即可，如图5-79所示。

图 5-79

案例训练：使用"钢笔工具"抠取耳机

素材文件	素材文件＞CH05＞耳机.jpg
实例文件	实例文件＞CH05＞案例训练：使用"钢笔工具"抠取耳机.psd
视频文件	案例训练：使用"钢笔工具"抠取耳机.mp4
技术掌握	掌握使用"钢笔工具"绘制路径的技巧

原图与抠取效果如图5-80～图5-82所示。

图 5-80   图 5-81   图 5-82

思路分析

请读者注意以下3个操作要点。

第1个： 这是一张用Cinema 4D制作的海报，海报里面有各种元素，我们要抠取的是耳机。

第2个: 耳机的外形轮廓由平滑曲线构成,几何特征明显,非常适合使用"钢笔工具" ⌀. 抠图。需要注意的是,在本案例中,除了需要创建耳机的主体路径外,还需要创建3个小的闭合路径,这是因为耳机外轮廓围成了3个由背景填充的闭合区域,如图5-83所示。

第3个: 作为本章的第1个案例,在创建路径的过程中会非常详细地介绍每个锚点的创建过程,同时读者在练习的时候也要有自己的思考。

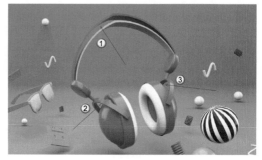

图 5-83

操作步骤

01 打开"耳机.jpg"素材文件,选择"背景"图层,按快捷Ctrl + J复制得到"图层1"图层。按快捷键P切换为"钢笔工具" ⌀.,设置工具模式为"路径"、"橡皮带"的颜色为黄色(由于耳机偏粉色,因此黄色的橡皮带是一个不错的选择),全部设置好之后,就可以绘制路径了。在定位时需要注意最好将第1点定位到角点,如果实在没有角点,可以定位到平滑曲线上的某一点,其中,图5-84所示①处的点是合适的,而②处的点就不太合适。

02 确定了第1点后,接下来需要确定绘制路径的方向是顺时针还是逆时针。绘制方向不会对结果产生任何影响,所以随便选一个就好,这里采用顺时针方向。在距离第1点不远处,有另外一个角点,所以将它作为第2点是合适的,在该处单击并拖曳鼠标指针,创建带有控制柄的锚点,通过调整控制柄,使路径贴合主体对象,如图5-85所示。

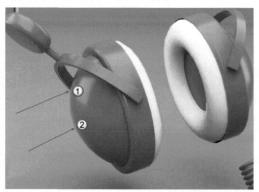

图 5-84

图 5-85

💡 **技巧提示**

在按住Alt键的同时向前滚动鼠标滚轮,可以放大图像,向后滚动鼠标滚轮,可以缩小图像。按住Space键可临时切换为"抓手工具" ✋,配合拖曳鼠标可以平移图像。要想使用"钢笔工具" ⌀.进行精确绘制,放大操作是少不了的,因此要熟悉运用缩放、平移的技巧。

03 绘制完第2点后,我们发现下一段路径是直线,而现在的锚点由于两侧都有控制柄,如果直接绘制,不可能画出直线,所以按住Alt键并单击锚点,打断锚点一侧的控制柄。没有控制柄的干扰,我们就可以非常轻松地画出下一段直线路径了,如图5-86所示。

04 按照前面的思路,下一个锚点应该也是角点(因为角点往往意味着转折),但是观察之后发现,下一个角点距离当前锚点较远,只用两个锚点不太容易使路径与主体对象贴合,如图5-87所示。

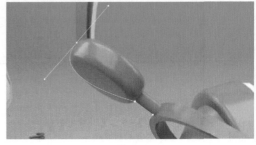

图 5-86　　　　　　　　　　　　　　　　　图 5-87

05 由于这段路径无法只用两个锚点准确勾绘，因此需要再添加一个锚点。增加新的锚点后，绘制起来就容易多了，如图5-88所示。

06 剩下的绘制过程与之前的类似，新锚点一般要定位到角点，如果两个角点距离太远，导致路径无法贴合主体对象，就需要适当增加锚点。最终耳机外轮廓的路径如图5-89所示。

图 5-88　　　　　　　　　　　　　　　　　图 5-89

💡 **技巧提示**

虽然在前面讲解时提过，要尽量减少锚点数量，但在实际绘制路径的过程中要灵活处理，如果某段路径无法用两个锚点准确表达，那么就果断增加锚点。

07 绘制完路径后切换到"路径"面板，双击"工作路径"，将其保存为"路径1"，如图5-90所示。

08 由前面的"思路分析"可知，还有3个由耳机外轮廓围成的闭合区域需要处理，因此将这3段路径绘制出来，每绘制完一段路径，就将其保存，路径绘制完成的效果如图5-91所示，此时的"路径"面板如图5-92所示。

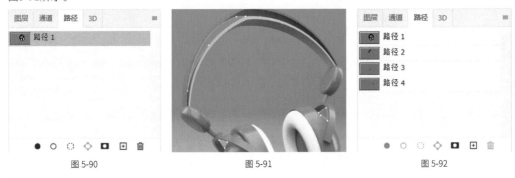

图 5-90　　　　　　　　　　　　图 5-91　　　　　　　　　　　　图 5-92

💡 **技巧提示**

部分读者在绘制完路径后不保存路径就进行下一步操作了，这样做有点得不偿失。本案例只用一段路径是无法把耳机完全抠出来的,所以在绘制完主路径后,势必还要接着绘制下一段路径,此时如果没有存储之前的工作路径,那么之前的心血将付诸东流,因为下一段路径将会把它直接覆盖。

存储路径在关键时刻能帮上大忙。

09 使用"钢笔工具" ∅.抠图的绘制路径阶段结束,接下来进入抠图阶段。在按住Ctrl键的同时单击"路径1"的缩略图,载入"路径1"的选区。接着在按住Ctrl键和Alt键的同时分别单击"路径2""路径3""路径4"的缩略图,依次将它们的选区从主体选区中减去,如图5-93所示。

10 保持选区的选中状态,切换到"图层"面板,单击"添加图层蒙版"按钮 ◙,为当前选区创建图层蒙版,显示效果如图5-94所示,此时的"图层"面板如图5-95所示。

| 图 5-93 | 图 5-94 | 图 5-95 |

11 在"图层1"图层下方新建图层,填充为白色,效果如图5-96所示。

12 选择"图层1"图层的蒙版,执行"滤镜 > 杂色 > 中间值"菜单命令,在弹出的对话框中设置"半径"为1px,将尖锐的角点变得平滑。至此,本案例圆满结束,最终的抠图效果如图5-97所示。

| 图 5-96 | 图 5-97 |

⊙ 技巧提示

在使用"钢笔工具" ∅.创建路径的过程中,为了保证绘制速度与精度,我们使用了打断锚点一侧控制柄的操作,这就导致原本的平滑点变成了尖锐的角点,此时可以借助"中间值"滤镜消除这种尖锐感。

案例训练: 使用"钢笔工具"抠取项链

素材文件	素材文件 > CH05 > 项链.jpg
实例文件	实例文件 > CH05 > 案例训练:使用"钢笔工具"抠取项链.psd
视频文件	案例训练:使用"钢笔工具"抠取项链.mp4
技术掌握	掌握使用"钢笔工具"抠图的技法

原图和抠取效果如图5-98 ~ 图5-100所示。

图 5-98

图 5-99

图 5-100

思路分析

请注意以下两个要点。

第1个：这是一张项链摄影图，主体对象是银色的项链，背景是黑色的泡棉。

第2个：本案例的项链与上个案例的耳机存在两点不同：链子部分产生了虚化；由于处在较暗的背景下，吊坠底部与背景融为一体，很难分辨出底部的边缘轮廓，如图5-101所示。

图 5-101

通过上面的分析可知，项链的光影是基于深色背景的。即使抠图成功，后期合成时也不能大意，新背景最好也是深色的，否则光影不协调会显得十分不和谐。

操作步骤

01 打开"项链.jpg"素材文件，按快捷键Ctrl＋J复制得到"图层1"图层。切换到"钢笔工具" ⌀，，沿项链边缘绘制路径，绘制好的路径如图5-102所示。

02 将当前的路径保存为"路径1"，继续绘制路径，并使其贴合项链中间的圆形区域，绘制好的路径如图5-103所示，双击"路径"面板中的"工作路径"，将其保存为"路径2"。

图 5-102

图 5-103

03 载入"路径1"（主体路径）的选区，之后再减去"路径2"的选区，切换到"图层"面板，以当前选区创建图层蒙版，此时效果如图5-104所示。

04 在"图层1"图层下方新建图层，填充为黑色，效果如图5-105所示。此时项链基本上就被抠出来了，但是放大图像还是会发现一些瑕疵，这是因为路径不可能100%完美贴合对象，所以难免会有一些杂边；项链的链子部分有虚化，而使用"钢笔工具" *☉* 抠出的链子边缘比较生硬，如图5-106所示。

图 5-104

图 5-105

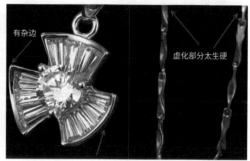

图 5-106

05 选择"图层1"图层的蒙版，执行"滤镜 > 其他 > 最小值"菜单命令，在弹出的对话框中设置"半径"参数为1px。可以看到，应用"最小值"滤镜后，杂边被消除了，如图5-107所示。

06 在处理虚化部分边缘生硬的问题前，我们应该清楚，虚化仅存在于上部的链条部分，所以羽化操作不能作用于全部图像，只能作用于局部，这就要借助选区来辅助操作了。按快捷键L切换到"套索工具" *☉* ，沿链条创建选区，将其框选，如图5-108所示。

图 5-107

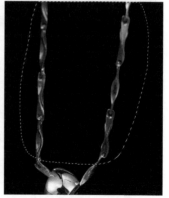

图 5-108

07 选择蒙版，执行"滤镜 > 模糊 > 高斯模糊"菜单命令，在弹出的对话框中将"半径"设置为1px。可以看到，经过高斯模糊处理后，链条部分有了羽化效果，整体效果自然多了，如图5-109所示。

08 经过"最小值"滤镜与"高斯模糊"滤镜的调整，项链看起来自然多了。本案例至此就圆满结束了，最终的抠图效果如图5-110所示。

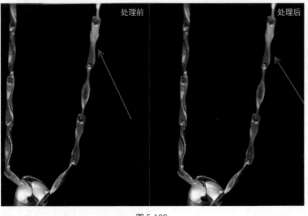

图 5-109

图 5-110

案例训练：使用"钢笔工具"抠取平底锅

素材文件	素材文件＞CH05＞平底锅.jpg、木质背景.jpg
实例文件	实例文件＞CH05＞案例训练：使用"钢笔工具"抠取平底锅.psd
视频文件	案例训练：使用"钢笔工具"抠取平底锅.mp4
技术掌握	掌握使用"钢笔工具"抠图的技法

原图和抠取效果如图5-111～图5-113所示。

图 5-111

图 5-112

图 5-113

思路分析

请读者注意以下3个要点。

第1个： 这是一张美食摄影图，主体对象是盛放食材的平底锅，背景是深色的墙纸。

第2个： 平底锅由非常简单的线条构成，在抠取时可以考虑使用"钢笔工具" ∅.，也可以考虑使用之前学过的"选择并遮住"命令。为了提高效率，可以先尝试使用"选择并遮住"命令，如果效果不好再使用"钢笔工具" ∅.。

第3个： 继续观察会发现，平底锅盖是半透明的，如图5-114所示。通过对前面几章的学习，相信读者已经掌握了处理半透明对象的方法。之前都是用"画笔工具" ✍涂抹处理半透明区域，但是本案例中锅盖的半透明区域非常规则，用"画笔工具" ✍很难涂抹得恰到好处，使用"钢笔工具" ∅.绘制选区是不二选择。

图 5-114

操作步骤

01 打开"平底锅.jpg"素材文件,选择"背景"图层,按快捷键Ctrl + J复制得到"图层1"图层。按快捷键M切换到"椭圆选框工具"○.,按住Shift键并拖曳鼠标绘制一个圆形的选区,如图5-115所示。

02 此时在画面中右击,在弹出的快捷菜单中选择"变换选区"命令,对选区进行位置、大小的自由变换操作,使圆形选区正好贴合平底锅,如图5-116所示。

图 5-115

图 5-116

03 切换到"通道"面板,单击"将选区存储为通道"按钮■,将该选区存储在"Alpha 1"通道中,如图5-117所示。

04 切换到"钢笔工具"◇.,沿平底锅剩余部分的边缘绘制路径,绘制好的路径如图5-118所示。

05 双击"路径"面板中的"工作路径",将其保存成"路径1"。接着继续使用"钢笔工具"◇.绘制平底锅手柄处的一小块闭合区域,如图5-119所示。

图 5-117

图 5-118

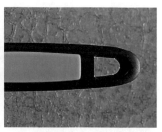

图 5-119

06 双击"路径"面板中的"工作路径",将其保存成"路径2"。在按住Ctrl键的同时单击"路径1"的缩略图,载入选区,然后在按住Ctrl键和Alt键的同时单击"路径2"的缩略图,将其从"路径1"的选区中减去。切换到"通道"面板,按住Ctrl键和Shift键,单击Alpha 1通道的缩略图,将圆形选区与当前选区做加法,选区如图5-120所示。

07 切换到"图层"面板,单击"添加图层蒙版"按钮■,为当前选区创建图层蒙版,如图5-121所示。

图 5-120

图 5-121

08 将"素材文件＞CH05"文件夹中的"木质背景.jpg"图片拖曳到当前文件中，置于底层，作为新的背景，如图5-122所示。

09 切换为"钢笔工具"⬛，沿锅盖的半透明区域绘制3段路径，如图5-123所示，并依次保存为"路径3""路径4""路径"。

图 5-122　　　　　　　　　　　　　　　　　　图 5-123

10 载入"路径3"的选区，然后依次减去"路径4""路径"的选区，得到图5-124所示的选区。

11 将"前景色"设置为灰色（R:100，G:100，B:100），选中蒙版后按快捷键Alt＋Delete填充前景色，此时平底锅盖的半透明效果就体现出来了，可以透过锅盖看到木质背景。至此，本案例圆满结束，最终抠图效果如图5-125所示。

图 5-124

图 5-125

💡 **技巧提示**

案例中给出的灰度值仅供参考，设置的灰度值越低，越接近黑色，在蒙版填充后，锅盖的透明度越高。当颜色为纯黑时，就没有锅盖了。

案例训练：结合参考线抠取化妆品

素材文件	素材文件＞CH05＞化妆品.jpg
实例文件	实例文件＞CH05＞案例训练：结合参考线抠取化妆品.psd
视频文件	案例训练：结合参考线抠取化妆品.mp4
技术掌握	掌握参考线在使用"钢笔工具"抠图中的应用

原图和抠取效果如图5-126～图5-128所示。

图 5-126 图 5-127 图 5-128

思路分析

请读者注意以下两个操作要点。

第1个： 这是一张化妆品的渲染图，主体对象是化妆品，背景是黄褐色渐变。

第2个： 本案例中的化妆品是严格对称的，所以在绘制路径时，可以只绘制一半。

操作步骤

01 打开 "化妆品.jpg" 素材文件，选择 "背景" 图层，按快捷键Ctrl + J复制得到 "图层1" 图层。按快捷键Ctrl + R打开标尺，从标尺上拖曳出一条垂直参考线到文档窗口中心位置。接着贴化妆品右侧边创建一条垂直参考线，如图5-129所示。

图 5-129

02 切换到 "钢笔工具" $\diamond$ ，沿化妆品边缘绘制路径，本案例只需要绘制一半路径即可，如图5-130所示。

03 在 "路径" 面板中双击 "工作路径"，将其保存为 "路径1"。载入 "路径1" 的选区，切换回 "图层" 面板，创建图层蒙版，如图5-131所示。

图 5-130 图 5-131

04 再次载入 "路径1" 的选区，切换为 "矩形选框工具" ，并在选区内右击，在弹出的快捷菜单中选择 "变换选区" 命令，此时会出现选区的自由变换框，再次右击，在弹出的快捷菜单中选择 "水平翻转" 命令，如图5-132所示。

05 水平翻转选区后，将选区向右移动，由于化妆品右侧存在参考线，因此我们可以很容易地将选区移动到目标位置，如图5-133所示。

图 5-132

图 5-133

06 选择"图层1"图层的蒙版，填充为白色，将右侧对称的区域显示出来，如图5-134所示。

07 隐藏参考线，在"图层1"图层下方新建图层，填充为蓝色，化妆品的抠图就完成了，最终效果如图5-135所示。

图 5-134

图 5-135

5.5 本章技术要点

　　本章为读者介绍了"钢笔工具" ⌀ 及它在抠图中的应用。每种抠图工具、命令都有自己的适用范围，"钢笔工具" ⌀ 通过较少的锚点建立路径，在完美贴合主体对象的同时，也能在很大程度上保证主体对象边缘的平滑，是产品类抠图的不二之选。使用"钢笔工具" ⌀ 抠图，大致可分为两个阶段。

创建路径阶段

　　创建路径是本章的核心，要想做到又快又准地创建出贴合主体对象的路径得从两个方面入手：首先是快，要想快，就要将"钢笔工具" ⌀ 一用到底，中途需要切换成其他工具时借助Alt键（临时切换为"转换点工具"）和Ctrl键（临时切换为"直接选择工具"）实现；其次是准，要想使绘制的路径完美贴合主体对象，就需要调整控制柄，可是锚点的控制柄不仅会影响当前路径，还会影响即将绘制的下一段路径，此时及时打断锚点一侧的控制柄非常重要。

抠图阶段

　　创建好路径后，首先需要将其转换为选区，接着就要利用蒙版的相关知识将选区以蒙版的形式体现，之后再使用"最小值"和"中间值"滤镜来解决角点处连接不平滑的问题。在抠图阶段，前面章节所讲的蒙版和滤镜成了主角。

第 **6** 章

色彩范围抠图技法

快速抠图技法基于新版Photoshop强大的智能算法，可自动识别图像中的主体对象并创建选区；钢笔工具抠图技法是通过创建贴合主体对象的路径并将其转换为选区，来达到抠图目的的。一张图片，除了具有大小、形状等属性外，还有一个非常重要的属性——色彩。在实际抠图中，当某个对象的颜色与周围环境明显不同时，我们可以利用色彩属性的差异进行抠图，把主体对象从背景中抠取出来，实现这个过程的工具就是本章要介绍的"色彩范围"命令。

学习重点

案例训练：利用"色阶"命令处理灰度图像	/141
案例训练：使用"色彩范围"命令抠取草地上的小男孩	/143
案例训练：使用"色彩范围"命令抠取运动女生	/147
案例训练：使用"色彩范围"命令抠取桂花	/149

6.1 认识"色彩范围"命令

本节以"取样点""容差"为起点，为读者介绍"色彩范围"命令的作用与原理，随后将"色彩范围"命令与之前讲过的"魔棒工具" ✗ 进行比较，分析二者的相同点与不同点，最后为读者介绍使用"色彩范围"命令抠图的基本流程。通过本节的学习，读者会对"色彩范围"命令有一个初步的了解，从而为下一步的深入学习打下基础。本节内容的学习思路如图6-1所示。

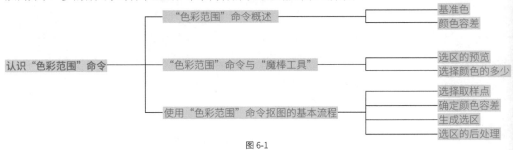

图 6-1

6.1.1 "色彩范围"命令概述

"色彩范围"命令位于"选择"菜单下，是利用色彩的差异创建选区的一种方法。在Photoshop中执行"选择>色彩范围"菜单命令，即可打开"色彩范围"对话框，如图6-2所示。在该对话框中，有两个非常重要的参数——基准色和颜色容差，前者决定基准颜色，后者决定基准颜色的扩展范围。通过"色彩范围"命令最终生成的选区是由这两个参数共同决定的。

图 6-2

基准色

在确定基准色时，有两种方式：单击并拾取图像中某个像素的颜色和选择预设颜色。

单击拾取颜色

"色彩范围"命令在确定基准色时，可以像"魔棒工具" ✗ 那样，通过单击图像中某个像素点来拾取颜色。打开"色彩范围"对话框后，确保当前激活的是"吸管工具" ✗，如图6-3所示。将鼠标指针移出对话框，此时鼠标指针会变成吸管形状，在合适的位置单击，即可拾取该单击点像素的颜色并将其作为基准色。将鼠标指针移动到画面中的下一个位置并单击时，新像素点的颜色会覆盖之前的颜色作为新的基准色。

图 6-3

图6-4所示为一张沙漠风景摄影图，图中，沙漠的黄褐色与天空的青蓝色形成了鲜明的对比。执行"色彩范围"命令，将"色彩范围"对话框中的"选择"项设置为"取样颜色"，将鼠标指针移动到沙漠中取色，设置"颜色容差"为149，即可将沙漠选中，如图6-5所示。

图 6-4

取样点

图 6-5

选择预设颜色

  同样以图6-4所示的沙漠风景照为例，这次在"色彩范围"对话框中选择内置的预设颜色。设置"选择"项为"青色"，此时生成的选区如图6-6所示。

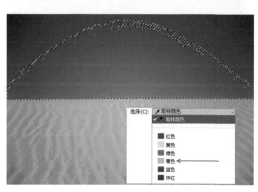

图 6-6

颜色容差

  在"色彩范围"命令中，当"选择"项为"取样颜色"时，下方的"颜色容差"选项变成可编辑状态，通过调节颜色容差的滑块或直接输入数值（0~200），可以扩大或缩小选区的范围。在固定基准色的情况下，"颜色容差"值不同，生成的选区也不同，如图6-7和图6-8所示。

图 6-7

图 6-8

6.1.2 "色彩范围"命令与"魔棒工具"

  "色彩范围"命令在生成选区方面，与之前讲过的"魔棒工具" 类似，采用的是"基准色+颜色容差"的模式。虽然选区生成的模式类似，但二者还是有很大的不同。本小节将从选区的生成原理、是否具有"连续"功能、选区能否实时预览等方面对二者进行剖析，通过本小节的学习，相信读者会对"色彩范围"命令与"魔棒工具" 有更深刻的理解。

选区的生成原理

  下面分别介绍二者的选区生成原理。

魔棒工具

"魔棒工具" 📏 在创建选区时，采用"取样点+容差"的方式，这里的取样点与容差均指灰度值。假设取样点的灰度值为 A，容差为 X，那么"魔棒工具"可以选择灰度范围在 $A-X$ 到 $A+X$ 之间的像素，当然下限不会低于0，上限不会超过255，下面将通过实验来验证此结论。

图6-9所示的色块由8个矩形色块构成，这些矩形色块的灰度值从0到255依次递增。现在我们将"魔棒工具" 📏 的取样点定在灰度值为40的矩形块上，如图6-10所示，之后采用控制变量的方式，通过增大容差的数值（0~255）观察选区的变化情况。

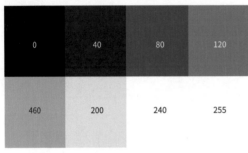

图 6-9

图 6-10

"容差"从0增加到39时，只有灰度值为40的矩形被选中，如图6-11所示。这是因为图6-9中任意两个不同的灰度值，差值都在40及以上，所以在0~39的容差段内不会有其他的像素被选中。

图 6-11

当"容差"变成40时，情况就开始不一样了。除了灰度为40的矩形外，灰度为0、80的矩形也被选中了，如图6-12所示。有了前面的铺垫，这里就很容易理解了，在取样点灰度值为40，"容差"为40的情况下，0、80分别为灰度值的下限和上限，所以会出现选区朝两侧扩展的情况。"容差"继续从40增大至79，选区继续维持当前的形状。

通过以上实验我们发现，"魔棒工具" 📏 在生成选区时，选区个数随容差的变化类似于数学中的分段函数，如图6-13所示。所以在使用"魔棒工具" 📏 创建选区时，会有一种跳跃感：即使相邻两次容差值仅相差1，有时得到的选区也会有很大差别。

图 6-12

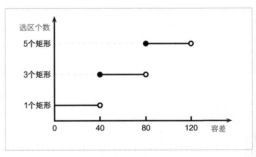

图 6-13

"魔棒工具" 严格按照"容差"背后的数学原理生成选区,因此使用该工具创建选区就像二进制一样,只有选中与未选中这两种状态。由于缺少灰色像素的加持,此时创建的选区的边缘很难与新背景融合。图6-14所示为一束郁金香的摄影图,如果使用"魔棒工具" 抠图,创建出的选区边缘不仅生硬,而且带有背景杂边,如图6-15所示。

整体效果 局部放大

图 6-14

图 6-15

"色彩范围"命令

与"魔棒工具" 类似,"色彩范围"命令可以通过"基准色+颜色容差"的方式创建选区,但是二者在原理上有很大的不同。"魔棒工具" 的"容差"值,改变的是灰度值范围;而"色彩范围"命令中,改变"颜色容差"的数值,其实是在调整所选颜色的亮度范围,此外还会增加或减少部分选定像素的数量(灰色区域)。正是这些灰色像素的存在,使得"色彩范围"命令创建的选区边缘比较柔和。同样是图6-14所示的郁金香,如果使用"色彩范围"命令抠图,选区的边缘会非常柔和,几乎没有背景杂边,如图6-16所示。由此可知,所创建选区边缘是否柔和是"色彩范围"命令与"魔棒工具" 的一个重要区别,也是"色彩范围"命令的主要优势之一。

图 6-16

是否具有"连续"功能

这里的"连续"指的是颜色相近的连续区域。在图6-17中,被碗、白纸、键盘、耳机这些元素分割成的3个闭合绿色区域彼此之间是不连续的。当"魔棒工具" 属性栏中的"连续"复选框被勾选时,可以只选择这3个区域中的一个区域,但是"色彩范围"命令就不行了,它会把图像中与这3个区域中颜色类似的所有区域都选中,如图6-18和图6-19所示。

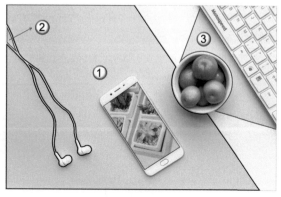

图 6-17

"魔棒工具"可以只选择某个连续区域

图6-18

"色彩范围"命令不能只选择某个连续区域

图6-19

看到这里有读者不禁会想，"色彩范围"命令没有"连续"功能真的有点可惜，有没有什么技术手段能让"色彩范围"命令也可以只选择连续区域呢？答案是有的，事先创建选区即可。在使用"色彩范围"命令之前，先创建一个选区，这样，选择的结果就只会作用于当前选区上了，如图6-20所示。

图6-20

选区能否实时预览

相比于"魔棒工具" ，"色彩范围"命令在抠图体验、抠图效果上都有优势。除了前面提及的创建的选区边缘非常柔和的优势外，在抠图体验上，"色彩范围"命令更是有着"魔棒工具"所不及的优势——选区的实时预览。

还是以图6-17为例，若想选择右上角的绿色闭合区域，如果使用"魔棒工具" ，操作过程如下所示，示意图如图6-21所示。

第1步： 选择"魔棒工具" ，勾选"连续"复选框，将"容差"设置为10，在目标区域单击，发现生成的选区有点小，所以需要增大"容差"值。

第2步： 将"容差"值增大到30，发现选区并没有变化，这是因为"魔棒工具" 并不支持选区的实时预览。也就是说，修改了"容差"的数值后，仅在下一次创建选区时起作用，并不会影响到已创建的选区。所以只能选取消当前选区，然后重新单击目标区域，可以看到，所选区域有所增加，但是还不够。

第3步： 经过两轮操作后，直接将"容差"设置成100，结果"容差"设置得太大，把一些不相关的区域也选中了。

第4步： 这次将"容差"值降低到60，单击目标区域，发现这次生成的选区基本上覆盖了目标区域，但是还有一小部分区域没有被选中，如果继续调整"容差"值，说不定可以将这部分区域选中，但十分耗时。

图6-21

同样以图6-17为例,这次我们使用"色彩范围"命令来生成选区,由于该命令支持选区的实时预览,所以整个过程非常高效,具体步骤如下。

第1步: 使用"套索工具"♀创建选区,将目标区域框选,如图6-22所示。

第2步: 使用"色彩范围"命令拾取目标区域的颜色作为基准色,然后将"选区预览"切换为"灰度",如图6-23所示。

图 6-22   图 6-23

第3步: 在调整"颜色容差"的过程中会发现灰度图像也会同步进行调整,这就是所谓的实时预览。通过调整颜色容差,最终使目标区域在灰度图像中变成白色,如图6-24所示。对应生成的选区如图6-25所示。

图 6-24   图 6-25

从以上实验可以看出,生成同样的选区,虽然使用"魔棒工具"🪄和"色彩范围"命令都可以实现,但在操作体验上"色彩范围"命令要远胜于"魔棒工具"🪄,这就是实时预览选区的魅力。

6.1.3 使用"色彩范围"命令抠图的基本流程

利用"色彩范围"命令抠图要经历"设置取样点""调整颜色容差""创建选区并建立蒙版""编辑蒙版"等操作。本小节以图6-26所示的图像为例,为读者介绍利用"色彩范围"命令抠图的基本流程。

设置取样点

打开"色彩范围"对话框后,单击"图像"单选按钮,同时将"选区预览"设置为"灰度",如图6-27所示。如此设置,可在预览窗口显示原图,以便于设置取样点;并且在文档窗口中显示灰度图像,以便于观察选区。

图 6-26

设置好之后，将鼠标指针移动到预览窗口中单击取样；取样之后，文档窗口中立刻就出现了选区的灰度图像，如图6-28所示。

图 6-27

图 6-28

调整颜色容差

此时的灰度图像呈现出的选区并不是我们想要的，因此接下来就要拖曳"颜色容差"滑块，调整选区。在本例中，要使背景尽量变白，玉兰花尽量变黑，调整效果如图6-29所示。

图 6-29

创建选区并建立蒙版

单击"确定"按钮即可完成使用"色彩范围"命令抠图的操作，此时画面中会生成选区，为当前选区创建蒙版（本例的主体对象是黑色的，因此要按住Alt键创建蒙版），如图6-30所示。

编辑蒙版

此时抠图效果还是不能令人满意，所以接下来就要进入蒙版内部，对蒙版进行编辑，使背景变黑，主体对象变白。编辑蒙版是整个抠图过程中非常重要的一环，本章的后续小节将为读者介绍另一种编辑蒙版的方法——"色阶"命令。蒙版经过编辑后，图6-29所示的效果变成图6-31所示的效果。

图 6-30

图 6-31

使用滤镜微调蒙版

编辑完蒙版后，退出蒙版模式，观察抠图效果，如果有比较明显的杂边，可以借助"最小值"滤镜、"中间值"滤镜来解决，如图6-32和图6-33所示。

图 6-32

图 6-33

6.2 "色彩范围"对话框参数解读

相信读者已经对"色彩范围"命令有了一个大致的了解，本节将在前面的基础上继续讲解"色彩范围"对话框中剩下的部分参数，包括"本地化颜色簇""选区预览""添加到取样""从取样中减去"等。本节主要内容的学习思路如图6-34所示。

图 6-34

6.2.1 本地化颜色簇

在"色彩范围"对话框中有一个"本地化颜色簇"复选框，它是专门用来绘制局部选区的。勾选此复选框后，"范围"选项也会被同步激活，如图6-35所示。在勾选"本地化颜色簇"复选框后，生成的选区除了与基准色、颜色容差有关外，还与取样点的位置、"范围"的数值有关。

固定单击位置（将取样点固定在图像的左下角），研究"范围"值大小对选区的影响，得到的灰度图像随"范围"值变化的情况如图6-36所示。从图中可以看到，在勾选"本地化颜色簇"复选框后，生成的选区是一个圆形区域，圆心就是取样点的位置，"范围"数值越大，选区的辐射半径也越大。

图 6-35

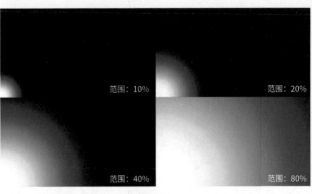

图 6-36

固定"范围"值（设置为20%），只改变取样点的位置，发现选区的大小不变，位置随取样点的改变而改变，如图6-37所示。

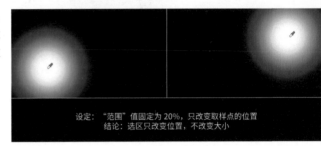

图 6-37

6.2.2 预览窗口

"色彩范围"对话框中有一个预览窗口，通过单击其下方的"选择范围"或"图像"单选按钮，可以显示不同的图像内容，如图6-38所示。在"选择范围"模式下，预览窗口显示"色彩范围"命令下生成选区的灰度图像；在"图像"模式下，预览窗口显示原图，如图6-39所示。

图 6-38

💡 技巧提示

建议将预览窗口设置为"图像"模式，将"选区预览"设置为"灰度"，这样可以直接在预览窗口取样，文档窗口会显示取样后生成选区的灰度图像。在实际抠图中，只要容差设置得合适，取样点的位置稍微有一点偏差也不会影响到最终的选区，因此将文档窗口设置为灰度图像是明智的选择，当容差数值改变时，我们可以看到更多的细节变化。

图 6-39

6.2.3 选区预览

"选区预览"下拉列表用于设置预览生成的选区的模式，有5个选项，如图6-40所示。现以图6-41所示的风铃花图像为例，对"选区预览"下拉列表中的各种选项进行简单的说明。

图 6-40   图 6-41

无

选择"无"选项，文档窗口不显示选区预览，显示原图。

灰度

选择"灰度"选项，文档窗口以灰度图像的形式显示选区，如图6-42所示，这也是笔者推荐使用的方式。在灰度图像中，白色代表选中，黑色代表未选中，灰色代表部分选中，这与学习蒙版、通道时完全一致，具有通用性。

黑色杂边

选择"黑色杂边"选项，选中的区域以原图显示，未选中的区域以黑色显示，如图6-43所示。

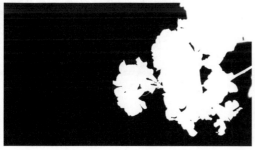

图 6-42   图 6-43

白色杂边

选择"白色杂边"选项，选中的区域以原图显示，未选中的区域以白色显示，如图6-44所示。

快速蒙版

选择"快速蒙版"选项，选中的部分以原图显示，未选中的部分以"快速蒙版"的方式显示，即未被选中的区域被覆盖上一层半透明的颜色，如图6-45所示。

图 6-44   图 6-45

6.2.4 其他参数

"色彩范围"对话框右侧还有一些按钮，包括"添加到取样""从取样中减去""载入""存储""复位"，这里放在一起讲，如图6-46所示。

添加到取样/从取样中减去

"色彩范围"命令是通过"基准色+颜色容差"的模式来创建选区的，也就是说，它只能选出与基准色相似的颜色区域（只能选取一类颜色），当我们想同时选取多个种类的颜色时（图6-47所示的花朵和茎），就需要用到"添加到取样"按钮 ✎。

图 6-46

在花朵处取样，并设置好"颜色容差"数值，然后单击"添加到取样"按钮 ✎，在绿色茎的根部处取样，将根部的绿色选区添加进来，这样就可以同时选中花朵与茎，如图6-48所示。同理，"从取样中减去"按钮 ✎的功能就是在已有的选区中减去某一颜色的选区。

图 6-47

图 6-48

复位/载入/存储

在使用"色彩范围"命令抠图的过程中，可以单击"存储"按钮将当前的"基准色+颜色容差"设置作为数据存储起来，当再次遇到类似的图像时，可以直接单击"载入"按钮载入之前存储的"基准色+颜色容差"设置数据，提升抠图效率。

除此之外，对话框中还有一个隐藏的"复位"按钮。在实际抠图中，为了得到较好的选区，我们需要不断地调整"颜色容差"的数值，若经过调整后，我们觉得还是之前设置的参数更好，那么如何回退到之前的参数呢？

按住Alt键，对话框中的"取消"按钮临时变成了"复位"按钮，如图6-49所示。单击"复位"按钮，将会回退到初始的选区状态。

按住 Alt 键，"取消"按钮会变成"复位"按钮

图 6-49

6.3 "色阶"命令

目前，读者已经掌握了使用"色彩范围"命令抠图的基本流程，在整个抠图过程中，利用"色彩范围"命令创建出颜色类似的选区只是第1步，后面的编辑蒙版才是重头戏。前面几章已经为读者介绍了利用"画笔工具" ✐ 编辑蒙版的方法，它适合编辑远离主体对象的背景区域，对于靠近主体对象的、多而杂的背景区域，就要用到另一个强大的命令——"色阶"来处理。本节主要内容的学习思路如图6-50所示。

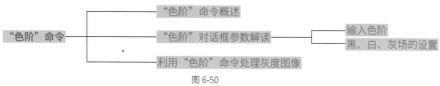

图 6-50

6.3.1 "色阶"命令概述

执行"图像>调整>色阶"菜单命令或者按快捷键Ctrl+L，可以打开"色阶"对话框，如图6-51所示。使用"色阶"命令可以调整图像的阴影、高光、中间调，从而校正图像的色调范围和色彩平衡。在抠图中，不管是依靠智能抠图，还是利用"色彩范围""通道""蒙版"等技法抠图，只要涉及灰度图像，就一定会有"色阶"的身影，因此，说它是抠图界的最佳辅助命令绝不为过。图6-52所示是"色阶"对话框。

图 6-51

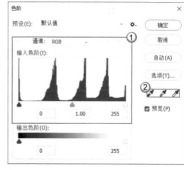

图 6-52

6.3.2 "色阶"对话框参数解读

"色阶"对话框中参数较多，对抠图来说只需掌握"输入色阶"与黑、白、灰场的设置即可。

输入色阶

在"输入色阶"中，从左到右有黑、灰、白3个滑块，分别对应着阴影、中间调、高光，如图6-53所示。通过移动这3个滑块，就可以对图像中的阴影、中间调、高光区域进行针对性调整。在抠图中，"色阶"命令主要用于处理灰度图像，因此"输入色阶"的用法将围绕灰度图像展开，效果如图6-54所示。

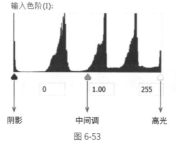

图 6-53

图 6-54

风铃花的花朵处是高光部分，枝干处是阴影部分，剩下大面积的背景区域则作为中间调。如果想把阴影调暗，把高光调亮，只需将黑色滑块向右移动、白色滑块向左移动，如图6-55所示。移动之后我们发现新的灰度图像中，暗的更暗，亮的更亮，黑白对比明显增强，所以将黑、白滑块同时向中间移动，能增大图像的对比度。

图 6-55

作为图6-55中面积最大的区域，中间调对图像的整体效果起着重要的作用。调整中间调滑块，整幅图像会有明显的变化：中间调的默认值是1，向左调整滑块，数值增大，中间调区域变亮，图像有种白蒙蒙的效果；向右调整滑块，数值减小，中间调变暗，图像有种灰蒙蒙的效果，如图6-56所示。

在实际的抠图中，要保留风铃花、去掉背景，就需要把风铃花尽量变成白色，把背景尽量变成黑色。将黑、白滑块同时向中间移动，增大图像对比度，然后将中间调滑块向右移动，使中间调变暗，对应着背景区域变暗，经过调整后，背景区域都变成了黑色，在蒙版中被隐藏，而主体对象风铃花变成了白色，在蒙版中被显示，这样就达到了抠图的目的，如图6-57所示。

图 6-56

图 6-57

黑、白、灰场的设置

经过"输入色阶"调整后，虽然大部分花朵变成白色、背景变成黑色，但是还有一些花朵没有变成白色，导致细节丢失。所以此时就要用到色阶中更为强大的"设置黑场""设置灰场""设置白场"功能。它们依次位于"色阶"对话框中"选项"按钮的下方，如图6-58所示。需要注意的是，在灰度图像中，"设置灰场"功能不可用。

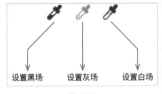

图 6-58

单击"设置黑场"按钮将其激活，移动鼠标指针到文档窗口中的合适位置处单击，拾取某像素点的灰度值（假设为X），此时整幅图像中所有灰度值低于X的像素点，其灰度值都将变成0，视觉上这些区域就变成了黑色。

单击"设置白场"按钮将其激活，将鼠标指针移到文档窗口中的合适位置处单击，拾取某像素点的灰度值（假设为X），此时整幅图像中所有灰度值大于X的像素点，其灰度值都将变成255，视觉上这些区域就变成了白色。

下面举例演示"设置白场"和"设置黑场"按钮的作用。

图6-59所示为一张由不同灰度值矩形块构成的灰度图像，其灰度值从0递增到255。按快捷键Ctrl+L打开"色阶"对话框，激活"设置黑场"按钮后，将鼠标指针移动到灰度值为80的矩形块上单击，图像中所有灰度值低于80（包含80）的区域，其灰度值都将变成0，即灰度值为0、40、80的这3个矩形块全都变成黑色，如图6-60所示。

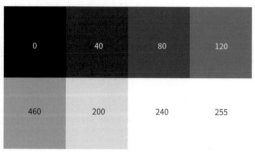

图 6-59

图 6-60

激活"设置白场"按钮，然后在灰度值为200的矩形块上单击，图像中所有灰度值高于200（包含200）的区域，其灰度值都将变成255，即灰度值为200、240、255的这3个矩形块都变成白色，如图6-61所示。

图 6-61

通过上面的演示，相信读者对"设置黑场""设置白场"功能已经有了一个初步的了解。接下来的问题是：在实际抠图中，对哪些区域使用"设置黑场"，对哪些区域使用"设置白场"？

答案其实很简单，如果想让某个区域变成黑色，就用"设置黑场"，反之就用"设置白场"。体现在实际抠图中就是：使用"设置黑场"功能时，取样点往往也偏黑色，使用"设置白场"功能时，取样点往往也偏白色。

案例训练：利用"色阶"命令处理灰度图像

素材文件	素材文件>CH06>风铃花.jpg
实例文件	实例文件>CH06>案例训练：利用"色阶"命令处理灰度图像.psd
视频文件	案例训练：利用"色阶"命令处理灰度图像.mp4
技术掌握	掌握"色阶"命令中"设置黑场""设置白场"功能的用法

原图与处理后的效果如图6-62和图6-63所示。

图 6-62　　　　　　　　　　　　　　　　　　图 6-63

思路分析

请读者在操作过程中注意以下3个要点。

第1个："色阶"命令是处理灰度图像的"好手"，但是读者有没有想过这样一个问题——如何得到灰度图像？在前面章节的学习中，我们知道可以使用"去色""黑白"等命令得到灰度图像，但真正能用于抠图的是通过通道产生的灰度图像。

第2个：由图6-62所示的效果可知，主体对象偏黑色，背景偏白色。由选区与灰度图像的映射关系可知，黑色将被隐藏，白色将被选中，所以我们希望将风铃花变成白色，将背景变成黑色。但是如果使用"设置黑场""设置白场"功能直接实现上述目标是相当困难的。

第3个：此时不妨转换一下思维，由于原灰度图像中风铃花就是偏黑色，背景就是偏白色的，我们何不干脆就将风铃花变成黑色，将背景变成白色，这样困难要小得多。但是这样一来，我们抠的就不是风铃花了，而是背景，如何解决这个问题呢？其实很简单，载入灰度图像（就是背景区域）的选区后，按住Alt键创建一个与选区相反的蒙版就可以了。

操作步骤

01 打开"风铃花.jpg"素材文件，切换到"通道"面板，如图6-64所示。

02 在"通道"面板中可以看到除"RGB"外还有"红""绿""蓝"3个通道，依次单击这些通道，文档窗口中的图像会由在彩色和不同的灰度图像间切换。观察之后我们发现，"蓝"通道中风铃花与背景对比最明显，所以选择"蓝"通道并将其拖曳至"创建新通道"按钮 ⊞ 上，复制一份"蓝"通道，如图6-65和图6-66所示。

图 6-64　　　　　　　　　　图 6-65　　　　　　　　　　图 6-66

03 选择"蓝 拷贝"通道，按快捷键Ctrl+L打开"色阶"对话框。观察灰度图像可以发现，主体对象基本上是黑色的，但是背景却不是白色的，有点发灰，所以需要把背景变成白色。为了实现这个目标，激活"设置白场"按钮后在背景区域单击，将大部分的背景区域变成白色，如图6-67和图6-68所示。

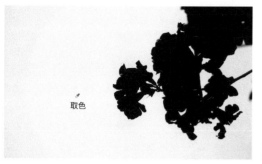

图 6-67

图 6-68

04 观察图6-68所示的效果，发现左上、左下、右下这3个角落区域的背景还不是白色的，可以再次在发灰的区域单击，将其变成白色，如图6-69所示。

05 至此，主体对象变成黑色，背景变成白色，我们的目的就达到了。载入通道的选区后，按住Alt键创建蒙版，风铃花就被抠出来了，如图6-70所示。

图 6-69

图 6-70

💡 **技巧提示**

怎么知道某个像素是否变成了白色？可以按快捷键F8打开"信息"面板，"信息"面板会实时显示鼠标指针悬停处像素的RGB值，当R、G、B值均为255时，就代表该点是白色的。

案例训练：使用"色彩范围"命令抠取草地上的小男孩

素材文件	素材文件>CH06>小男孩.jpg
实例文件	实例文件>CH06>案例训练：使用"色彩范围"命令抠取草地上的小男孩.psd
视频文件	案例训练：使用"色彩范围"命令抠取草地上的小男孩.mp4
技术掌握	掌握使用"色彩范围"命令抠图技法

原图和抠取后的效果如图6-71~图6-73所示。

图 6-71

图 6-72

图 6-73

思路分析

请读者在操作过程中注意以下5个要点。

第1个： 这是一张人像摄影图，主体对象是小男孩，背景是草地。

第2个： 小男孩的衣服（米色）、头发（黑色）均与背景（绿色）有着较大的差异，所以可以考虑使用"色彩范围"命令来抠图。

第3个： 使用"色彩范围"命令抠图时有两个切入点，一个是主体人物，这样我们需要取两次基准色（衣服、头发）；另一个是背景，由于草地是绿色的，我们只需要取一次基准色。

第4个： 再深入分析，会发现草地的主要色调是绿色，但是还夹杂着大量白色、黑色等颜色，在取样时，如果取的是绿色，那么大量的白色、黑色噪点就无法被选中，如图6-74所示。如果取到的是白色或黑色，那么大面积的绿色就无法被选中，如图6-75所示。

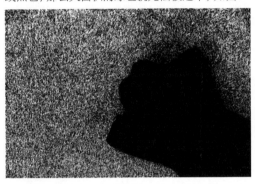

图 6-74

图 6-75

第5个： 根据上面的分析，还是以主体人物为切入点进行抠图比较方便。

操作步骤

01 打开"小男孩.jpg"素材文件，选择"背景"图层，按快捷键Ctrl+J复制，得到"图层1"图层。选择"图层1"图层，执行"选择>色彩范围"菜单命令，打开"色彩范围"对话框，将鼠标指针移动到小男孩衣服上取色，将"选区预览"设置为"灰度"，方便调整"颜色容差"滑块时实时预览图像，如图6-76所示。

02 调整"颜色容差"滑块的数值使衣服变白，此时的灰度图像如图6-77所示。生成选区后为当前选区创建图层蒙版，效果如图6-78所示。

图 6-76

> 💡 **技巧提示**
>
> 如何调整"颜色容差"的值使之恰好符合抠图需求？
>
> 本案例中"颜色容差"数值越大，衣服就越白，但是副作用是周围的背景也会逐渐变白，所以"颜色容差"数值不能无限制地增大。在这种情况下，一个合适的"颜色容差"值应该满足如下两个条件。
>
> 第1个：不要求衣服全变白，只要求衣服边缘部分尽可能变白（只要边缘变白，内部就好处理了）。
>
> 第2个：主体对象边缘的背景杂色要尽可能少。

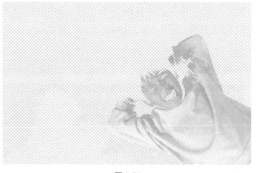

图 6-77 　　　　　　　　　　　　　　　　　　　图 6-78

03 在"图层1"图层下方新建图层，并填充为白色，如图6-79所示。可以看出，衣服在白色背景的映衬下，有非常多的背景杂色，所以下一步就是编辑蒙版，去除杂色。

04 在按住Alt键的同时单击"图层1"的蒙版缩略图，进入蒙版内部，利用"画笔工具" ✏️ 把背景杂色全部涂抹成黑色，如图6-80所示。通过"信息"面板配合鼠标指针取样，我们发现衣服的灰度值未达到255，导致它看上去比较虚，所以只要把它的灰度值提高到255，衣服就变实了。

图 6-79 　　　　　　　　　　　　　　　　　　　图 6-80

05 按快捷键Ctrl+L打开"色阶"对话框，激活"设置白场"按钮，在小男孩衣服、手臂的灰色区域上单击，如图6-81所示。经过多次取样，得到图6-82所示的灰度图像。

图 6-81 　　　　　　　　　　　　　　　　　　　图 6-82

💡 **技巧提示**

　　一次取样效果不好时，可以尝试多次取样，在"色阶"命令中，每次取样的效果是叠加的，而不是覆盖的，所以通过多次取样，就能得到比较令人满意的灰度图像。

06 衣服内部实在没有办法变成白色的区域，可以再次使用"画笔工具"进行涂抹，将其变成白色。经过反复编辑，最终得到图6-83所示的灰度图像。

07 在按住Alt键的同时单击蒙版缩略图，退出蒙版模式，观察抠图效果。可以看到，经过蒙版编辑，背景杂色被消除，衣服也不再发虚了，如图6-84所示。

图 6-83

图 6-84

🔒 技巧提示

接下来处理小男孩的头发部分。我们知道，如果不限制作用范围，"色彩范围"命令将作用于全图，会出现很多杂色，所以这一次我们可以先创建选区，指定作用范围后，再使用"色彩范围"命令。

08 在按住Alt键的同时单击"背景"图层上的"眼睛"图标，单独显示"背景"图层。选中"背景"图层，使用"套索工具" ⌒创建一个包含小男孩头发的选区，如图6-85所示。

09 创建出选区后打开"色彩范围"对话框，此时"色彩范围"命令就只作用于当前选区。拾取头发处的颜色作为基准色，调节"颜色容差"滑块的数值，得到图6-86所示的效果。

图 6-85

图 6-86

10 生成选区后选择"图层1"图层的蒙版，并将其填充为白色，显示头发。用"画笔工具" ✐编辑蒙版，将头发逐渐完善，如图6-87所示。

11 对小男孩手臂处的两个背景区域使用"钢笔工具" ✐勾勒路径，之后将路径转换为选区并在蒙版中填充黑色，将其隐藏，如图6-88所示。

图 6-87

图 6-88

12 此时人物边缘还有杂边，可以借助滤镜去除。选择"图层1"图层的蒙版，先应用"最小值"滤镜，再应用"中间值"滤镜，效果如图6-89所示。最终的效果如图6-90所示。

图 6-89   图 6-90

案例训练: 使用"色彩范围"命令抠取运动女生

素材文件	素材文件>CH06>运动女生.jpg
实例文件	实例文件>CH06>案例训练: 使用"色彩范围"命令抠取运动女生.psd
视频文件	案例训练: 使用"色彩范围"命令抠取运动女生.mp4
技术掌握	掌握使用"色彩范围"命令抠图技法

原图和抠取效果如图6-91~图6-93所示。

图 6-91   图 6-92   图 6-93

思路分析

请读者在操作过程中注意以下两个要点。

第1个: 这是一张户外摄影图，主体对象是身穿运动服的女生，背景是虚化的天空、桥梁。

第2个: 从上到下分析图片，可将主体人物分为图6-94所示的3部分: 女生的头部到其右手手腕为第1部分，在这部分中，头发(棕黑色)、耳机(红色)均与天空(淡蓝色)有着较为明显的色彩差异，可以先选择天空，之后反选得到主体对象; 女生的右手手腕至小臂为第2部分，在这部分中，背景较为复杂，但女生的衣服轮廓线条比较简单，所以可以考虑使用"钢笔工具" ✐; 剩下的为第3部分，在这部分中，主体对象有3种颜色——上衣(粉色)、皮肤(棕黄色)、裤子(灰色)，而背景只有一种颜色(白色)，所以可以先选择背景，再反选得到主体人物。

图 6-94

操作步骤

01 打开"运动女生.jpg"素材文件，选择"背景"图层，按快捷键Ctrl+J复制，得到"图层1"图层。使用"套索工具" ◯ 创建选区，框选主体人物的第1部分，如图6-95所示。

02 为当前选区创建图层蒙版，同时在"图层1"图层下方新建图层，并填充为纯色，如图6-96所示。

图6-95 图6-96

03 选择"图层1"图层，执行"选择>色彩范围"菜单命令，拾取天空处的颜色作为基准色，接着调整"颜色容差"的数值，使背景变白，如图6-97所示。

04 此时生成天空的选区，选择"图层1"图层的蒙版，填充为黑色，将天空隐藏，如图6-98所示。

05 在按住Alt键的同时单击"图层1"图层的蒙版缩略图，进入蒙版内部，可以发现，背景没有全部变成黑色，主体对象的头发、耳机也有一部分没有变成白色，因此要使用"画笔工具" ✏ 和"色阶"命令对蒙版进行编辑，编辑前后效果对比如图6-99所示。

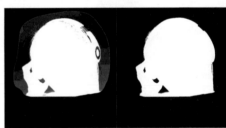

图6-97 图6-98 图6-99

06 在按住Alt键的同时单击蒙版缩略图，退出蒙版模式，效果如图6-100所示。

07 在按住Alt键的同时单击"背景"图层的"眼睛"图标，将其单独显示。使用"钢笔工具" ✐ 绘制路径，抠取主体对象的第2部分，如图6-101所示。

08 将路径转换为选区，选择"图层1"图层的蒙版，填充为白色，此时效果如图6-102所示。

图6-100 图6-101 图6-102

09 单独显示"背景"图层,使用"套索工具" ρ 创建包含主体人物第3部分的选区,按快捷键Ctrl+J复制选区到新图层中,如图6-103所示。

10 打开"色彩范围"对话框,拾取墙壁的颜色(白色)作为基准色,通过调节"颜色容差"的数值,得到图6-104所示的灰度图像。

图 6-103

图 6-104

11 通过上一步生成背景选区后,选择"图层3"图层,按住Alt键创建蒙版,如图6-105所示。编辑"图层3"图层的蒙版,将主体对象显示,将背景隐藏,如图6-106所示。

12 可以发现女生肩膀处有一部分头发未被选中,利用"色彩范围"命令抠取这部分头发,抠取过程与前面类似,这里就不展开介绍了,整个"图层"面板如图6-107所示。最终效果如图6-108所示。

图 6-105

图 6-106

图 6-107

图 6-108

案例训练:使用"色彩范围"命令抠取桂花

素材文件	素材文件>CH06>桂花.jpg
实例文件	实例文件>CH06>案例训练:使用"色彩范围"命令抠取桂花.psd
视频文件	案例训练:使用"色彩范围"命令抠取桂花.mp4
技术掌握	掌握使用"色彩范围"命令抠图技法

原图和抠取效果如图6-109~图6-111所示。

图 6-109

图 6-110

图 6-111

思路分析

请读者在操作过程中注意以下两个要点。

　　第1个：这是一张清新、唯美的桂花摄影图，主体对象是置于阳台上的桂花、花瓶，背景是高度虚化的庭院风景；在抠图过程中，为了保证花瓶的完整性，最好将花瓶下的阳台也抠取出来，抠取的阳台不会影响图像的合成效果，相反，正是因为有了它，花瓶才有了光影的质感，显得更真实。

　　第2个：通过对图像的分析，大致可以分两部分进行抠取：花瓶、阳台、绿叶，这3个对象线条简单，非常适合使用"钢笔工具" ⬮ 抠取；桂花细节比较多，不适合用"钢笔工具"抠取，但是桂花的颜色（黄色）与周围背景有较大差异，因此可以利用"色彩范围"命令来抠取，如图6-112所示。

图 6-112

操作步骤

01 打开"桂花.jpg"素材文件，选择"背景"图层，按快捷键Ctrl+J复制得到"图层1"。切换到"钢笔工具" ⬮ ，分别沿花瓶和阳台、绿叶绘制两条路径并分别存储为"路径1"和"路径2"，如图6-113所示。

02 载入"路径1"的选区，然后在按住Ctrl键和Shift键的同时单击"路径2"的缩略图，将"路径2"的选区合并到"路径1"的选区中，切换至"图层"面板，为当前的选区创建图层蒙版；在"图层1"图层下方新建图层，并填充为纯色，如图6-114所示。

图 6-113

图 6-114

03 可以看到，花瓶、阳台边缘还残留些许背景杂边，因此选择"图层1"图层的蒙版，执行"滤镜>其他>最小值"菜单命令，在弹出的对话框中设置"半径"为1px，将背景杂边隐藏，如图6-115所示。

04 单独显示"背景"图层，使用"套索工具" ◯ 创建选区，按快捷键Ctrl+J复制选区到新图层中，如图6-116所示。

图 6-115

图 6-116

05 选择"图层3"图层，打开"色彩范围"对话框，拾取桂花周围的背景色作为基准色，调整"颜色容差"的数值，得到比较令人满意的灰度图像，如图6-117和图6-118所示。

图6-117

图6-118

06 生成选区后按住Alt键为"图层3"图层创建蒙版，将"图层1"图层、"图层2"图层显示，此时的效果如图6-119所示。

07 在按住Alt键的同时单击"图层3"的蒙版缩略图，进入蒙版内部。我们希望桂花被选中，背景被隐藏，因此需要想办法让桂花变白，让背景变黑。按B键切换到"画笔工具" ✏，将画笔的模式设置为"叠加"，接着设置前景色为黑色，设置画笔的"不透明度"为30%，在背景区域耐心涂抹，将白色的背景逐渐涂黑，如图6-120所示。

图6-119

图6-120

💡 **技巧提示**

为什么要将画笔的模式设置为"叠加"？

将画笔的模式设置为"叠加"、降低画笔的不透明度等一系列操作，都是为了减轻"画笔工具" ✏ 涂抹的效果，从而避免在使用"画笔工具" ✏ 涂抹时由于操作失误破坏主体对象。

"画笔工具" ✏ 是另一个编辑灰度图像的利器，尤其是在"叠加"模式下，能发挥巨大的作用，这部分内容将在第7章中详细介绍。

08 经过"画笔工具" ✏ 的涂抹，那些原本与桂花主体接近的白色背景区域，已经变暗，此时就可以使用"色阶"命令将背景彻底调黑。按快捷键Ctrl+L打开"色阶"对话框，激活"设置黑场"按钮后在背景处多次单击，最终将背景调黑，如图6-121所示。

09 背景是调黑了，但是主体对象（桂花）却未变成白色，效果上会发虚，所以需要将桂花调白。按

图6-121

快捷键Ctrl+L再次打开"色阶"对话框，激活"设置白场"按钮后在桂花的花瓣上多次单击，将桂花调白，如图6-122所示。退出蒙版模式，效果如图6-123所示。

图 6-122

图 6-123

10 桂花区域的背景基本上被消除了，但左上角仍
有少量残留背景，同时桂花的枝干也没有被选中。
对于未选中的枝干，可以使用白色画笔涂抹，让其
显示；对于左上角桂花的残留背景，可以使用黑
色画笔涂抹，也可以再使用一次"色彩范围"命
令。调整后的效果如图6-124所示。

图 6-124

11 目前桂花的背景虽然被消除了，但是桂花边缘
有锯齿状的杂边，因此还差最后一道工序——使用滤镜微调细节。选择"图层3"图层的蒙版，先应用
半径为1px的"最小值"滤镜，再应用半径为1px的"中间值"滤镜。经过这两个滤镜的处理，桂花的杂
边被消除，同时桂花也变得比较柔和，如图6-125
所示。最终的效果如图6-126所示。

图 6-125

图 6-126

6.4 本章技术要点

　　本章介绍了使用"色彩范围"命令抠图技法，"色彩范围"命令创建选区的过程与"魔棒工具"
类似，但是在选区实时预览、选区边缘的柔和程度等方面比"魔棒工具"优秀，所以在抠图中的应用
范围更广。就整个抠图流程来说，使用"色彩范围"命令创建选区只是迈出了第1步，后面蒙版的编辑
才是关键，为此，本章介绍了"色阶"命令，通过使用"设置白场""设置黑场"功能可以快速将背景变
成白或黑色，从而达到显示或隐藏的目的。在最后桂花的抠图案例中，由于背景与桂花的对比不强，未
达到使用"色阶"命令的条件，所以要利用"画笔工具"对背景进行涂抹，将其变成暗色。主体物与
背景的对比足够强时，才能使用"色阶"命令一次性去除背景。

第 **7** 章

通道抠图技法

经过前面几章的铺垫，本章终于迎来了通道抠图技法。通道抠图技法以通道为载体，通过各种工具与命令对复制的通道（灰度图像）进行编辑，进而实现抠图的目的。在通道中，灰度图像将呈现出最强形态：一张RGB模式的图片，除"RGB"通道外，还有"红""绿""蓝"3个通道，这3个通道中的每个通道都是一幅灰度图像。掌握通道抠图后，读者会对选区、灰度图像等概念有一个全新的认识。

学习重点

案例训练：使用通道为裙子换色　　　　　　　　　　　　　　　　　　/156

案例训练：使用"蓝"通道抠取可爱的宠物狗　　　　　　　　　　　　/170

案例训练：使用多通道抠取春天的樱花　　　　　　　　　　　　　　/172

案例训练：使用"钢笔工具"与通道抠取酒杯　　　　　　　　　　　　/176

案例训练：使用"主体"命令和通道抠取夏日古镇美女　　　　　　　　/179

7.1 通道的原理与工作方式

我们知道，选区是抠图的灵魂，而通道与选区的关系十分密切，再结合"画笔工具""色阶"等工具和命令，使得通道成为抠图时最为重要的知识点。要想精通Photoshop抠图，通道是必须要掌握的内容。本节从通道的概念入手，介绍通道的工作方式，逐步揭开通道的神秘面纱。本节主要内容的学习思路如图7-1所示。

图 7-1

7.1.1 通道的概念

关于通道，有一种"通道即选区"的经典说法，这种说法本身没什么问题，但是不方便读者理解。为了方便理解，下面以数学中的合向量与分向量作为切入点讲解通道的概念。

平面直角坐标系使二维平面内的任意一个向量都可以分解为x轴和y轴的两个分向量，从而建立几何与代数的关系，这种化繁为简的思想极大地推动了数学的发展。在计算机图形学中，为了管理数以百万计的颜色，需要建立类似于数学坐标系的规则，这些规则被称为色彩模式，例如RGB、CMYK、HSL、Lab等。这些色彩模式本质上就是通过自己的规则将某个特定的颜色值分解为该规则下的若干分量。因此，颜色与通道的关系，就是合向量与分向量的关系，如图7-2所示。

在有了色彩模式的概念之后，再去理解通道就容易多了。通道就是颜色的分量，在RGB色彩模式下，将颜色分成"红""绿""蓝"3个通道；在CMYK色彩模式下，将颜色分成"青色""洋红""黄色""黑色"4个通道，如图7-3所示。通道保存着图片的颜色数据，计算机通过计算，可以定量而准确地将通道中的颜色数据还原成真实的颜色。

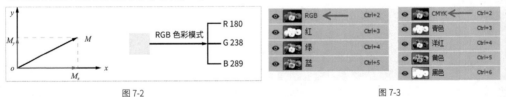

图 7-2   图 7-3

7.1.2 通道的工作方式

在RGB色彩模式下，任何颜色都可以由R、G、B分量按一定比例调和而成，而这个比例又细分为256级，从0到255变化。在Photoshop中，用一系列灰度值来描述从0到255的这种变化，0代表黑色，255代表白色，中间的值代表不同程度的灰色，如图7-4所示。

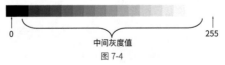

图 7-4

了解了灰度的概念后，我们离认识通道又近了一步。RGB色彩模式下的每个像素点，都可以分解为红、绿、蓝3个通道，每个通道采用0~255的灰度值来保存颜色数据，所有的灰度像素点组合在一起构成了一幅灰度图像。图7-5是"绿"通道下的灰度图像，因此图像中越亮的区域，表示绿色的占比越大；图像中越暗的区域，表示绿色的占比越小。

图 7-5

7.1.3 Photoshop中的通道

Photoshop中的通道大致上可分为颜色通道、复合通道、Alpha通道、专色通道等，与Photoshop抠图相关的通道是Alpha通道。我们所说的通道抠图中的通道指的就是Alpha通道。Alpha通道需要由颜色通道复制而来，因此，接下来要介绍颜色通道和Alpha通道。

颜色通道和复合通道

颜色通道和复合通道可以放在一起讲。打开一张RGB模式的图片，切换至"通道"面板，可以看到面板中有4个通道，如图7-6所示。"红""绿""蓝"3个通道称为颜色通道，而顶部的"RGB"通道称为复合通道。不难看出，颜色通道是灰度图像，复合通道是叠加了3个颜色通道的彩色图像。

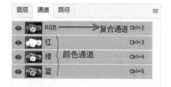

图 7-6

Alpha通道

在Photoshop中，Alpha通道是为保存选择区域而专门设计的通道，它可以将选区转化为灰度图像，从而存储选区。在灰度图像中，黑色代表完全未选择，白色代表完全选择，灰色代表部分选择，如图7-7所示。

在Photoshop中打开一张图片后，发现"通道"面板中并没有Alpha通道，这是因为在生成一个图像文件时Alpha通道不是必需的。因此，大多数情况下都是人为创建Alpha通道来保存选区。

创建Alpha通道有以下两种常见的方式。

将选区存储在Alpha通道中

选区的重要性在前面几章已经反复强调过，有时候我们希望自己创建的选区能够永久保留以便日后反复使用，此时就可以借助Alpha通道将选区存起来，用的时候载入数据即可。

打开素材文件"Alpha通道.psd"，切换到"路径"面板，这里有一条已经绘制好的闭合路径，在按住Ctrl键的同时单击路径缩略图，载入路径选区，可以看到已经出现了选区的蚂蚁线。此时保持选区的选中状态，切换到"通道"面板，单击"通道"面板下方的"将选区存储为通道"按钮，即可将当前的选区存储在通道中，如图7-8和图7-9所示。

图 7-7

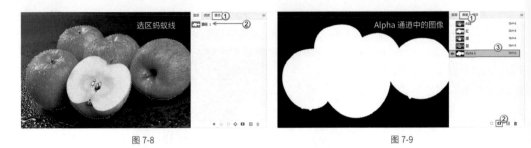

图7-8

图7-9

通过复制颜色通道生成Alpha通道

在Photoshop通道抠图中，生成Alpha通道比较快速的方法就是直接复制颜色通道。操作方法非常简单，选择某个通道（例如"红"通道），将其拖曳到"通道"面板下方的"创建新通道"按钮 处，即可将其复制一份，同时通道的性质也会发生相应的转变，由原来的颜色通道转化为Alpha通道，如图7-10所示。

图7-10

> **技巧提示**
>
> 凡是通过复制颜色通道产生的新通道都是Alpha通道，仅用来存储选区。

这也解释了为什么用通道抠图时，总要先复制一份原通道，再进行操作。因为原通道是颜色通道，复制出来的是Alpha通道。除此之外，如果直接编辑颜色通道，会改变原图的色彩，对原图造成破坏。Alpha通道只用于记录选区，编辑Alpha通道不会对原图造成任何破坏，同时还能达到抠图的目的。

案例训练：使用通道为裙子换色

素材文件	素材文件>CH07>裙子换色.jpg
实例文件	实例文件>CH07>案例训练：使用通道为裙子换色.psd
视频文件	案例训练：使用通道为裙子换色.mp4
技术掌握	掌握通道的作用原理

本案例主要练习使用通道改变特定区域的颜色，原图和换色效果如图7-11~图7-13所示。

图7-11

图7-12

图7-13

思路分析

请读者在操作过程中注意以下4个要点。

第1个：裙子换色的案例在第2章中出现过，当时使用的是"色相/饱和度"命令，这次我们尝试从通道的角度去实现换色。

第2个：观察图7-11所示的素材，裙子的颜色是红色，根据通道的作用原理可知，"红"通道中裙子的亮度很高，接近于白色，如图7-14所示。

第3个：根据图7-15所示的色彩叠加原理可知，要想使裙子由红色变成紫色，就需要在红色的裙子中加入蓝色，那么就意味着要提高"蓝"通道中的裙子亮度；要想使裙子由红色变成黄色，就需要在红色的裙子中加入绿色，那么就要提高"绿"通道中裙子的亮度。

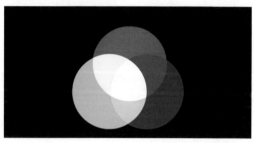

图 7-14

图 7-15

第4个：根据分析可以利用"色彩范围"命令先把裙子抠取出来，然后再复制"红"通道中的裙子部分，分别粘贴到"绿"通道、"蓝"通道中，从而实现裙子的换色。

操作步骤

01 在Photoshop中打开"裙子换色.jpg"素材文件，选择"背景"图层，按快捷键Ctrl+J复制得到"图层1"图层。利用"色彩范围"命令轻松地抠出裙子，得到裙子的选区，如图7-16所示。

02 保持选区的选中状态，切换到"通道"面板，单击"红"通道后按快捷键Ctrl+C，复制"红"通道中的裙子部分；紧接着单击"蓝"通道，按快捷键Ctrl+V，将"红"通道中的裙子部分粘贴到"蓝"通道中，完成裙子部分的灰度图像替换，如图7-17所示。

图 7-16

图 7-17

03 单击"RGB"通道，切换回彩色图像，此时观察图像的效果，发现裙子已经由红色变成紫色了，如图7-18所示。

04 同理，如果把"红"通道中裙子的灰度图像粘贴给"绿"通道，那么得到的就是黄色的裙子，如图7-19所示。

图 7-18   图 7-19

💡 **技巧提示**

裙子换色的案例到这里就结束了，其实换色并不是重点，体会通道的作用原理才是本案例的最终目的。对颜色通道而言，其对应灰度图像中的亮度能反映该颜色的多少，如果想在某个区域添加红色，只需提高"红"通道中对应区域的亮度即可。

对本案例来讲，除了可以通过复制粘贴"红"通道的裙子外，还可以直接使用"色阶"命令将"蓝"通道、"绿"通道中的裙子部分调亮，实现换色的目的。

7.2 "通道"面板

在Photoshop中执行"窗口>通道"菜单命令，就可以打开"通道"面板，下面将为读者介绍"通道"面板及其基本操作。本节主要内容的学习思路如图7-20所示。

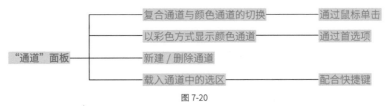

图 7-20

7.2.1 复合通道与颜色通道的切换

以RGB色彩模式图像为例，在"通道"面板中，"RGB"通道为复合通道，"红""绿""蓝"通道均为颜色通道，切换方法如下。

第1个： 单击单个颜色通道，则只显示对应通道的灰度图像，如图7-21所示。

图 7-21

第2个： 按住Shift键后单击可以同时选中多个通道，如果同时选中两个通道，图像就会显示这两个通道叠加后的效果，自然就变成彩色图像了，如图7-22所示。

第3个： 按住Shift键将3个通道全部选中时，"RGB"通道也一并被选中，图像为3个颜色通道叠加后的效果，就是原始图像，如图7-23所示。

图 7-22

图 7-23

第4个： 直接单击"RGB"通道，就会将所有通道都选中，图像显示为原图。

7.2.2 以彩色方式显示颜色通道

默认情况下，"红""绿""蓝"通道下的图像均以灰度图显示，也可以通过"首选项"命令将其改成以彩色方式显示。执行"编辑>首选项>界面"菜单命令，打开"首选项"对话框，勾选"用彩色显示通道"复选框，如图7-24所示。这样通道就会以原色方式显示，如图7-25所示。

图 7-24

图 7-25

从图7-25可以看出，用原色显示通道很难观察通道内的选区，因此还是建议用灰度图显示单个颜色通道，既方便观察选区，又能与前几章的内容关联。这里读者只需要了解通道还可以以原色方式显示这个知识点即可。

7.2.3 新建/删除通道

本小节主要介绍新建通道和删除通道的方法。

新建通道

单击"通道"面板下方的"创建新通道"按钮 ⊞，即可新建通道，如图7-26所示。如果当前没有任何选区，那么系统会创建全黑的Alpha通道；如果当前存在选区，那么系统会为该选区创建Alpha通道；如果把某个颜色通道拖曳到该按钮上，那么系统就会为该颜色通道复制一份Alpha通道。

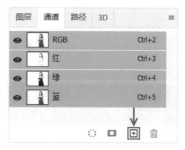

图 7-26

删除通道

选中某个通道，将其拖曳到"删除当前通道"按钮 🗑 上，即可删除该通道，如图7-27所示。

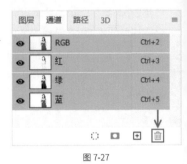

图 7-27

7.2.4 载入通道中的选区

载入通道中的选区是抠图的重要操作，其方法与蒙版、路径一致，主要有以下3个。

第1个： 在按住Ctrl键的同时单击通道缩略图，即可载入选区。

第2个： 在按住Ctrl+Shift键的同时分别单击多个通道的缩略图，可实现选区的加法运算。

第3个： 在按住Ctrl+Alt键的同时分别单击多个通道的缩略图，可实现选区的减法运算。

7.3 通道抠图的流程

在介绍完通道的基本操作后，本节将介绍通道抠图的流程，让读者对通道抠图有一个整体把握，如图7-28所示。

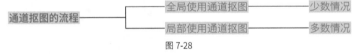

图 7-28

7.3.1 全局使用通道抠图

全局使用通道抠图（整体法）顾名思义，就是主体对象全部是通过通道抠取的，这种情况多出现于背景简单的场景。下面以图7-29所示的效果为例，讲解全局使用通道抠图的基本流程。

图 7-29

全局使用通道抠图大致可分为以下5个阶段。

观察不同的颜色通道，选择最合适的通道并复制

复制通道是通道抠图的第1步，因为"红""绿""蓝"3个通道是颜色通道，不能直接对其进行编辑，否则就会破坏原始图像。将颜色通道复制后，生成的是Alpha通道，可以放心大胆地进行编辑。

在复制通道之前，需要找到最合适的通道，那么，什么样的通道才是最合适的呢？答案就是对比度最大的通道。背景与主体对象对比越强的通道，越有利于抠图。从图7-30中可以看出，在"蓝"通道中，背景与主体对象的对比最强，因此可复制一份"蓝"通道。

图 7-30

确定主体对象是黑色还是白色

确定主体对象是黑色还是白色非常重要，这直接决定了后续编辑通道的大方向。看到这里，可能会有读者产生疑惑：灰度图像中白色代表可见，黑色代表不可见，我们既然要抠取主体对象，那就应该选择白色。这个想法没错，但是需要变通，因为抠图的核心在于对比，所以只要主体对象与背景有一个为黑色，另一个为白色，就可以了。如果主体对象为白色，那么载入选区后，直接创建蒙版即可；如果主体对象为黑色，那么在创建蒙版的过程中，按住Alt键创建一个相反的蒙版即可。

所以说，主体对象在通道中是黑色还是白色要根据背景的情况而定。在本案例中，背景相对主体对象而言更白，所以大方向就是：把背景变成白色，把主体对象变成黑色，如图7-31所示。

图 7-31

编辑通道

为了实现图7-31所示的效果，我们需要对复制出来的"蓝"通道进行一系列编辑操作，通道的编辑是整个通道抠图的核心内容。经过编辑后，绝大部分的灰色像素都会被剔除掉，从而使灰度图像变成图7-32所示的"非黑即白"的形态。

图 7-32

载入通道，创建蒙版

如果主体对象是白色的，那么载入后直接创建图层蒙版即可。本案例中的主体对象是黑色的，在载入通道中的选区后，实际上选中的是背景，那么在创建蒙版时，就需要按住Alt键创建相反的蒙版，把主体对象选中，如图7-33所示。

图 7-33

填充图层

在主体对象下方新建图层，并将其填充为纯色（纯色最好与原背景不同）。因为在纯色背景下，绝大部分瑕疵都能被观察出来，便于通过"画笔工具"、滤镜、"色阶"命令编辑蒙版，将这些小瑕疵去除。如果主体对象在纯色背景下没什么明显的瑕疵，换到其他背景中大概率也不会有问题，最终效果如图7-34所示。

图 7-34

7.3.2 局部使用通道抠图

局部使用通道抠图（局部法）就是部分对象通过通道抠取，因为在大多数情况下，主体对象所处的背景是比较复杂的，需要根据背景区域的不同把主体对象划分成多个部分，并为每一部分挑选合适的抠取工具或命令，最后汇总到一起构成完整的主体对象。下面以图7-35所示的素材为例讲解局部使用通道抠图的基本流程。

局部使用通道抠图大致可分为如下6个步骤。

图 7-35

对主体对象进行划分，确定抠图方法

花瓶、绿叶、阳台的线条比较简单，可使用"钢笔工具" 抠取。桂花细节较多，可使用"色彩范围"命令或通道抠取，第6章已经演示了使用"色彩范围"命令抠图的过程，本章演示使用通道抠图的过程。

使用"钢笔工具"抠图

使用"钢笔工具" 抠取花瓶、绿叶、阳台，这里不再赘述具体步骤，抠完之后的效果如图7-36所示。

图 7-36

选择合适的通道并复制

利用通道抠取桂花，首先复制图层，删除蒙版，接着切换到"通道"面板观察各个通道的图像情况。看似步骤和整体法一样，但是整体法在选择通道时，要考虑整个主体对象与背景的对比，采用局部法就不用考虑，由于主体对象的其他部分都已经借助"钢笔工具"抠出来了，因此只需要关注桂花即可。这样一来主体对象的范围一下子就缩小了，选择通道时的顾虑也同步减少了，通道的准确性、针对性就会大大提高。

只考虑桂花，显然"红"通道更合适，因为在"红"通道中，桂花的花朵几乎全是白色的，其他两个通道则没有这个特点，如图7-37所示。因此，复制一份"红"通道，专门用来抠取桂花。

图 7-37

确定主体对象是黑色还是白色

很显然，原始"红"通道中的桂花已经非常接近白色了，因此可以顺势而为，把桂花变成白色，把背景变成黑色。这一步看上去与整体法一样，但是由于我们只关心桂花，所以在编辑通道前，可以使用"套索工具" ⌒创建选区，把桂花以外的部分全部填充为黑色，这样一来，我们就能专心调整桂花那部分了，如图7-38所示。

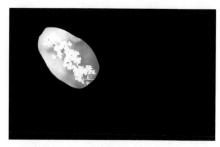

图 7-38

编辑通道

编辑通道这一步和整体法类似，就是利用各种工具或命令编辑通道，使桂花变成白色，背景变成黑色。但是局部法由于缩小了抠取范围，编辑过程要比整体法轻松得多。效果如图7-39所示。

图 7-39

载入通道，创建蒙版，修复细节

载入通道中的选区并创建蒙版，一定会产生不少瑕疵，所以要使用"画笔工具"、滤镜、"色阶"命令等编辑图层蒙版，逐渐完善主体对象，如图7-40所示。

总的来说，不管是整体法还是局部法，使用通道抠图都要经历选择合适的通道并复制、确定主体对象是黑色还是白色、编辑通道、创建蒙版这4个步骤。相比整体法，局部法由于缩小了主体对象的范围，在通道的选择、编辑上更加灵活、准确，这是一个巨大的优势。因此建议读者在使用通道抠图时，采用局部法，提升效率的同时也能保证抠图质量。

编辑蒙版前　　　编辑蒙版后

图 7-40

7.4 通道的编辑

前面为读者介绍了通道抠图的流程，从流程中不难发现，通道的编辑是整个抠图过程的核心，简单来说，就是借助一系列工具、命令编辑通道中的灰度图像，剔除其中的灰色，只保留黑色与白色。常用的通道编辑手段有"应用图像"命令、"画笔工具"（叠加模式）、"加深工具"与"减淡工具"、"色阶"命令。"色阶"命令前面介绍过了，因此本节着重介绍前4个工具或命令。本节内容的学习思路如图7-41所示。

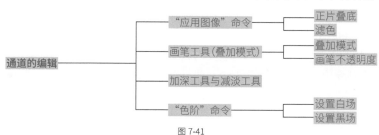

图 7-41

7.4.1 "应用图像"命令

通道抠图的第1步就是选择一个主体对象与背景对比足够强的通道，复制一份。但在实际抠图中会遇到这样的情况：主体对象在3个通道中与背景的对比都不够强。这时候该怎么办呢？首先在3个通道中选择一个对比最强的，复制一份，然后在此基础上人为制造对比。"应用图像"命令就是用来人为制造对比的一个工具。

概述

"应用图像"命令可以将一个通道混合到目标通道或图层中，使用该命令可以从通道的混合结果中创建符合要求的、更精确的选区。执行"图像>应用图像"菜单命令，即可打开"应用图像"对话框，如图7-42所示。

图7-43所示为"应用图像"对话框，可以看出"应用图像"对话框分成3个区域："源""目标""混合"。

图 7-42

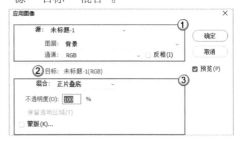

图 7-43

源：参与混合的对象。

目标：被混合的对象（执行应用图像命令前选择的通道或图层）。

混合：控制源与目标对象的混合方式。

在抠图中的应用

在实际抠图中使用"应用图像"命令时，一般只会修改"混合"模式，"混合"模式有很多种，在抠图中用得比较多的两种是"正片叠底"和"滤色"，如图7-44所示。那么问题来了，在实际抠图中该用哪一种呢？"正片叠底""滤色"的应用场景是有规律可循的，一般规律如下。

图 7-44

正片叠底

当想把主体对象变成白色时，可使用"正片叠底"模式。在图7-45所示的例子中，主体对象是桂花，我们把桂花变成白色后，想进一步增大对比度，可以使用"应用图像"命令中的"正片叠底"模式。可以看出，图像黑白对比明显增强。

图 7-45

滤色

当想把主体对象变成黑色时，可使用"滤色"模式。在图7-46所示的例子中，我们想使用通道抠取女生的头发，但是在原始通道中，女生头发与背景的对比不是很明显。此时就可以使用"应用图像"命令中的"滤色"模式来人为增强对比，让背景进一步变浅，从而增强对比，如图7-47所示。

图 7-46

原通道　　　　　　　　　原通道 + 应用图像

图 7-47

◉ 技巧提示

图7-45和图7-47只演示了正确的做法，读者可以自行尝试错误的做法以加深理解。例如为图7-45左侧的图片应用"滤色"模式，为图7-46所示的图片应用"正片叠底"模式。

上述结论是笔者自己总结的，能够应用于绝大多数案例，遇到不符合上述规律的情况时，读者灵活处理即可。除了上述两种常用的模式外，读者也可以尝试其他模式，探索更多有趣的玩法。

7.4.2 画笔工具（叠加模式）

"画笔工具" ✎的使用在第4章中就有涉及。作为编辑蒙版的常用工具之一，"画笔工具" ✎的"硬度""大小""不透明度"是3个非常重要的参数。本小节将介绍"画笔工具" ✎在编辑通道过程中的重要参数——"模式"。当切换到"画笔工具" ✎时，可以在其属性栏中设置画笔的作用模式，如图7-48所示。在抠图中使用得最多的就是"正常"模式和"叠加"模式，本节主要介绍"叠加"模式。

图 7-48

产生背景

在通道抠图中，制造对比是个永恒的话题，当"应用图像"命令制造的对比还不够明显时，就要使用"画笔工具"了。使用"画笔工具"抠图的可控程度更高，但是"画笔工具"在使用过程中有一个致命缺陷——由于手抖、笔头设置不合理等原因，要么涂抹不够，没有将主体对象周围的背景彻底去除，要么涂抹过量，破坏了主体对象，如图7-49所示。

图 7-49

仔细分析后发现，画笔的模式是造成以上现象的一个重要原因，在"正常"模式下，"画笔工具"✎对图像中的任何像素都是无差别对待的，即不管当前像素是黑色还是白色，只要被黑色画笔涂抹，就会变成黑色。

这种"非黑即白"的作用方式看起来很好，但是实际操作时却非常不方便。由于"正常"模式下"画笔工具" ✐ 的"杀伤力"太大，在涂抹到接近主体对象的背景区域时，不得不调小笔头慢慢涂抹，即使操作得非常精细，也难免有失误的时候，而且用小笔头涂抹是一件非常消耗精力的事，无论从哪个角度分析，都是费力不讨好的，如图7-50所示。

看到这里读者可能会想到，通过降低画笔的不透明度来减弱单次涂抹的作用效果或许是一个有用的办法。这个方法看似可行，但其实治标不治本。因为只要处在"正常"模式下，所有像素点受到的"伤害"就都一样，降低不透明度只是降低了单次"伤害"的量，像素点实际的明暗对比并没有改变。例如在图7-50所示的示例中，我们将黑色画笔的"不透明度"降低至50%，经过一次涂抹后，表面看上去所有像素都发生了变化，但是这种变化对于每个像素点是等量的，所有像素点一起变暗，相当于没有增大对比度，如图7-51所示。

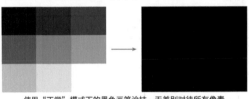

使用"正常"模式下的黑色画笔涂抹，无差别对待所有像素

图 7-50

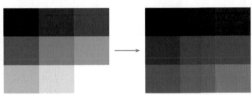

降低画笔不透明度后并不能从本质上改变像素点的明暗对比

图 7-51

看到这里想必读者已经明白了，要想产生对比，必须有针对性地改变某些像素。还是以图7-50为例，我们假设有这样一种方法，"画笔工具" ✐ 在它的加持下涂抹这6个像素点，虽然6个像素点都位于涂抹区域内，但此时"画笔工具" ✐ 可以将涂抹效果选择性地作用于某些像素。例如使用黑色画笔涂抹时，原本偏暗的像素受到的影响大一些，原本偏亮的像素受到的影响小一些甚至不受影响，这样一来由于每个像素受到的"伤害"量不同，像素间的对比自然就产生了，如图7-52所示。这里提到的方法，其实就是切换画笔的模式，将"正常"模式更换为"叠加"模式。

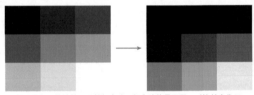

使用黑色画笔涂抹，虽然都变暗，但变暗的量不同，对比就产生了

图 7-52

叠加模式的画笔

画笔切换到"叠加"模式后，不再对所有像素点都"一视同仁"，而是有了选择性。当在"叠加"模式下使用黑色画笔涂抹时，虽然从整体上看，所有像素点都在变黑，但是变黑的程度与像素点原来的灰度有关：原本偏黑的像素点，变黑的幅度很大，原本偏白的像素点，变黑的幅度很小；其中，对于R、G、B值均为255的白色像素点，无论怎么涂抹，它永远不受影响。简单总结，"叠加"模式的画笔有如下两个功能。

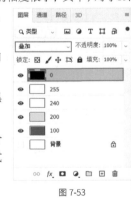

第1个：使用黑色画笔涂抹，图像中越偏白的像素，受到的影响越小，白色像素不受任何影响。

第2个：使用白色画笔涂抹，图像中越偏黑的像素，受到的影响越小，黑色像素不受任何影响。

接下来用实验来验证这个结论。在Photoshop中新建5个图层，每一层分别填充100、200、240、255、0的灰度值如图7-53所示。将"0"图层的混合模式设置为"叠加"，我们将探讨"叠加"模式下黑色像素对不同灰度像素的影响。

图 7-53

第1步： 关闭其他图层，只保留"0"和"255"图层，关闭"0"图层时，"255"图层的灰度值就是255，打开"0"图层时，"255"图层的灰度值仍然是255，说明在叠加模式下，白色像素不受黑色像素的任何影响。

第2步： 关闭其他图层，只保留"0"和"240"图层，在"0"图层打开后，"240"图层的灰度值从原来的240下降至225，降了15。

第3步： 只保留"0"和"200"图层，在"0"图层打开后，"200"图层的灰度值从原来的200下降至145，降了55。

第4步： 只保留"0"和"100"图层，在"0"图层打开后，"100"图层的灰度值从原来的100下降至0，降了100。

从以上实验不难看出，在"叠加"模式下，原灰度值越接近255，其受黑色影响的程度越小，原灰度值越接近0，其受黑色影响的程度越大。白色同理，这里不再赘述。

知道"叠加"模式的这个特点对于抠图有什么用呢？我们再次回到图7-49中，前面我们讲到，想要增强头发与背景的对比，只靠"应用图像"命令是不够的，所以要使用"画笔工具"来补救。但是在使用"画笔工具"的过程中难免会不小心涂抹到头发上，如果是"正常"模式，那么这对头发的破坏是相当大的，而如果切换到"叠加"模式，再适当降低画笔的不透明度，就可以在基本不破坏头发的基础上把背景变浅，从而增强头发与背景的对比。

下面再做一个实际抠图的实验，来体会"叠加"模式下"画笔工具"的强大。从图7-49可知，女生右上角的头发与背景砖墙的颜色接近，对比很弱。如果不做处理直接使用"色阶"命令，势必会将砖墙也选中，所以要使用"画笔工具" ✐ 进行处理，增强头发与砖墙的对比。图7-54所示的效果很好地展示了使用"画笔工具" ✐ 加大头发与背景对

图 7-54

比的情况，黄色细描边代表头发边缘，半透明的红色粗描边代表"画笔工具"实际涂抹的轨迹。

现在我们将画笔的"不透明度"设为50%，"硬度"设为80%，画笔笔头"大小"设为100px。分别使用"正常"模式、"叠加"模式涂抹相同的头发区域，效果对比如图7-55所示。在"正常"模式下，背景虽然变浅了，但是边缘的头发也被完全破坏了，而在"叠加"模式下，背景变浅的程度虽然没有"正常"模式那么明显，但是背景在变浅的同时头发几乎没怎么被破坏，我们可以通过多次涂抹，把背景变得足够浅，同时保证头发基本不被破坏，如图7-56所示。

图 7-55

图 7-56

🗨 技巧提示

任何事物都有两面性，"叠加"模式下的画笔在为我们带来便利的同时，也会有缺陷：单次涂抹的效果不显著，为了让背景变得足够浅，我们需要多次、反复涂抹。但即便如此，它还是要比"正常"模式下的画笔好用得多。

7.4.3 加深工具与减淡工具

在增强主体对象与背景对比的过程中，除了可以使用"叠加"模式下的画笔，还可以借助"加深工具"与"减淡工具"。当希望主体对象是黑色时，可以使用"减淡工具" ✍把背景变浅；反之，当希望主体对象是白色时，可以使用"加深工具" ✍把背景变深。

加深工具

在通道抠图中，"加深工具" ✍用于将图像变暗，加深颜色。其属性栏如图7-57所示。

图 7-57

重要参数介绍如下。

范围

"范围"选项用来设置颜色加深的模式，有"高光""阴影""中间调"3种模式可供选择。简单理解，"高光"是比较亮的区域，"阴影"就是比较暗的区域，"中间调"介于高光和阴影之间。

曝光度

"曝光度"选项用来控制颜色加深的程度，取值范围为1%~100%，数值越大，涂抹时的效果越明显。

保护色调

勾选"保护色调"复选框，可以最小化阴影和高光的修剪，并防止颜色发生色相偏移。简单来说，勾选上该复选框后，在使用"加深工具"反复涂抹的时候，被涂抹的部分不会彻底变黑，而是有一个"度"。

"保护色调"这个"度"具体是多少，与颜色加深的模式有关，经过反复实验，有如下规律。

开启"保护色调"

» **高光模式：** 灰度值≥56时，才有加深效果。
» **阴影模式：** 灰度值≤212时，才有加深效果。
» **中间调模式：** 14≤灰度值≤253时，才有加深效果。

关闭"保护色调"

» **高光模式：** 对灰度值没有任何限制。
» **阴影模式：** 灰度值≤253时，才有加深效果。
» **中间调模式：** 灰度值≤254时，才有加深效果。

这里建议读者对照着这个规律去实操一下，感受"加深工具"在不同模式下的涂抹效果。此外，在上面的规律中，灰度值的临界点给得相当精确，但它只能作为实际操作的参考。因为在实际抠图中我们不可能先去测量每一个像素点的灰度值，再根据灰度值决定使用哪种模式，这样做太费时间了。所以在实际抠图中，建议开启"保护色调"，颜色加深模式选择"中间调"模式，可解决绝大多数的抠图案例，特殊情况下对照着理论规律灵活处理即可。

减淡工具

在通道抠图中，"减淡工具" ✍用于将图像亮度增强，减淡颜色。其属性栏如图7-58所示。"减淡工具" ✍的参数与"加深工具" ✍类似，这里不过多叙述。颜色减淡的3种模式与"保护色调"组合，具有如下规律。

图 7-58

开启"保护色调"

» **高光模式**:48≤灰度值≤253时,才有减淡效果。

» **阴影模式**:2≤灰度值≤203时,才有减淡效果。

» **中间调模式**:14≤灰度值≤253时,才有减淡效果。

关闭"保护色调"

» **高光模式**: 灰度值≥2时,才有减淡效果。

» **阴影模式**: 灰度值没有任何限制。

» **中间调模式**:1≤灰度值≤253时,才有减淡效果。

总结

"加深工具""减淡工具"与"画笔工具"在编辑通道方面的功能对比如下:① 最终目的都是增强主体对象与背景的对比,然后再用"色阶"命令进行统一处理;② 作用方式都是用画笔涂抹,笔头"大小""不透明度""硬度"都可以调整;③ "画笔工具"可以设置模式,在"叠加"模式下对不同灰度的像素表现出针对性;④ "加深工具"与"减淡工具"没有模式可选,但是Photoshop已经可以根据最终目的(变暗/变亮)选择相应的工具,再配合"范围""曝光度"等参数设置,一样可以有针对性地编辑灰度图像。

综上所述,"画笔工具""加深工具""减淡工具"在编辑通道方面的功能是相似的,不管使用哪一种工具,都能达到最终目的,所以这里给出的建议是:工具没有好坏之分,根据自己的使用习惯,哪个顺手用哪个。

7.4.4 "色阶"命令

"色阶"命令在第6章中已经介绍过了。这里主要强调一下"色阶"命令在整个通道编辑中担任的角色。一般的通道抠图流程如下。

第1步:复制通道后,首先观察主体对象与背景对比是否明显,如果对比非常明显,直接使用"色阶"命令把主体对象变成白色或黑色即可。

第2步:如果主体对象与背景对比不强,这时候才需要用到"应用图像"命令、"画笔工具"、"加深工具"与"减淡工具"来编辑通道,人为增强对比。所以不管是哪种情况,"色阶"命令在通道抠图中总是最后出现,以一个"终结者"的身份完成对灰度图像的最后一次编辑。通常来讲,应用"色阶"命令后,通道的编辑基本结束,可以进入"载入选区→创建蒙版→编辑蒙版"的环节。

在明确了"色阶"命令的使命后,再去理解"画笔工具"、"加深工具"与"减淡工具"就容易多了。在编辑通道的过程中,不需要也不指望"叠加"模式的画笔能把背景全部变白(假设在抠头发),只需要"画笔工具"把背景变浅,为"色阶"命令的使用创造出足够的空间即可,如图7-59所示。当"画笔工具"的任务完成,接下来就可以全权交给"色阶"命令处理,使用"设置白场"功能快速将背景变成白色,如图7-60所示。

图 7-59

图 7-60

"各司其职，相互配合"是抠图的一条重要理念，每个工具都必定有它存在的道理，我们利用它的长处完成某一段工作即可。每个工具完成抠图的一部分，汇集起来就完成了整个抠图的大工程。

案例训练：使用"蓝"通道抠取可爱的宠物狗

素材文件	素材文件>CH07>可爱的宠物狗.jpg
实例文件	实例文件>CH07>案例训练：使用"蓝"通道抠取可爱的宠物狗.psd
视频文件	案例训练：使用"蓝"通道抠取可爱的宠物狗.mp4
技术掌握	掌握通道抠图技法

本例的原图和效果如图7-61~图7-63所示。

图 7-61

图 7-62

图 7-63

思路分析

请读者在操作过程中注意以下两个要点。

第1个：这是一张可爱的宠物狗的摄影图，主体对象是穿着衬衫的宠物狗，背景上部分为棕灰色，下部分为白色，比较简洁。

第2个：按照分多次抠图的思想，可以把宠物狗分为两部分。一部分是身体部分，宠物狗的身体被花格衬衫包裹，衬衫的细节不多，可以使用"钢笔工具" ✐ 抠取；另一部分是毛发部分，这一部分可以考虑使用通道抠取，如图7-64所示。

图 7-64

操作步骤

01 打开"可爱的宠物狗.jpg"素材文件，选择"背景"图层，按快捷键Ctrl+J复制得到"图层1"图层，切换到"钢笔工具" ✐，沿宠物狗的第1部分绘制路径，绘制好的路径如图7-65所示。

02 双击"路径"面板中的"工作路径"，将其保存。载入路径的选区，切换到"图层"面板，为当前的选区创建图层蒙版。在"图层1"图层下方新建图层，并将其填充为纯色，如图7-66所示。

图 7-65

图 7-66

03 选择"图层1"图层，按快捷键Ctrl+J复制，删除图层蒙版，如图7-67所示。切换至"通道"面板，分别单击"红""绿""蓝"通道，观察宠物狗的绒毛与背景的对比情况，如图7-68所示。

图 7-67

图 7-68

04 "蓝"通道下宠物狗的绒毛与背景对比最明显，因此复制一份"蓝"通道，如图7-69所示。使用"套索工具"🔾创建选区，框选宠物狗的绒毛部分，按快捷键Ctrl+Shift+I反选，并填充为白色，如图7-70所示。

图 7-69

图 7-70

05 按快捷键Ctrl+L打开"色阶"对话框，激活"设置白场"按钮后在背景处单击，将背景变成白色，如图7-71所示。

06 再次执行"色阶"命令，并向右拖曳中间调滑块使绒毛逐渐变黑，如图7-72所示。

图 7-71

图 7-72

07 载入通道中的选区，切换回"图层"面板，按住Alt键创建图层蒙版，如图7-73所示。

💡 **技巧提示**

从通道抠图结果可以看出，宠物狗内部有一些区域没有被选中，这是因为在灰度图像中我们并没有把宠物狗全部涂黑，所以这里需要使用"画笔工具"编辑蒙版，使宠物狗脸部未显示的区域显示出来。

图 7-73

08 切换到"画笔工具" ✎，设置合适的笔头"大小"、笔头"硬度"与"不透明度"，"模式"设置为"正常"，"前景色"设置为白色。选择蒙版，使用"画笔工具" ✎在宠物狗脸部区域涂抹，将其显示出来，如图7-74所示。

图 7-74

💡 **技巧提示**

在编辑通道的灰度图像时，为什么不把主体对象变成黑色？其实是两个问题。

第1个：为什么不把宠物狗的绒毛变成黑色？对于这种绒毛类的抠图，建议在编辑灰度图像时，适当保留一点灰度是最好的选择，如果抠得太实，绒毛边缘就会太硬，无法与新背景进行很好的融合，如图7-75所示。

第2个：为什么在编辑通道时没有把宠物狗内部处理成黑色？这是个人抠图习惯问题，并无对错之分。如果在编辑通道的时候就把宠物狗内部处理成黑色，那么在创建蒙版后，就不用再编辑蒙版了；反之，如果前期没有彻底处理好通道，后期就得编辑蒙版微调抠图效果。这两种方式都可以达到目的，具体使用哪一种根据自己的习惯选即可。

绒毛边缘不能抠得太实，否则边缘太硬会导致抠图效果变差

图 7-75

至此，本案例就全部结束了，通过本案例可以看出，通道在绒毛类抠图中是有很大优势的。

案例训练：使用多通道抠取春天的樱花

素材文件	素材文件>CH07>樱花.jpg
实例文件	实例文件>CH07>案例训练：使用多通道抠取春天的樱花.psd
视频文件	案例训练：使用多通道抠取春天的樱花.mp4
技术掌握	掌握通道抠图技法

原图和抠图效果如图7-76~图7-78所示。

图 7-76

图 7-77

图 7-78

思路分析

请读者在操作过程中注意以下3个要点。

第1个：这是一张樱花的摄影图，主体对象是盛开的樱花，背景是淡蓝色的天空，我们需要做的就是把天空去除，保留樱花。

第2个： 说起天空，读者自然就想到"天空"命令，尝试之后发现，利用"选择>天空"菜单命令抠取的效果并不理想，底部区域大部分的背景都没有去除，如图7-79所示。

💡 **技巧提示**

这也给读者提了个醒，智能抠图工具虽然好用，但是不能对它过度依赖，面对比较复杂的图像时，智能抠图命令往往就显得不那么智能了。这也是要学习"色彩范围"命令、蒙版、"钢笔工具" ✐、通道等经典抠图技法的原因。

图 7-79

第3个： 既然"天空"命令不好使，同时主体对象（樱花）的细节非常多，那么可以考虑使用通道来抠取。进一步思考，由于樱花花瓣是白色的，而枝干是黑色的，所以不可能一次性把二者同时抠取，要分步进行：第1次使用通道抠取樱花花瓣，第2次使用通道抠取樱花枝干。

操作步骤

01 打开"樱花.jpg"素材文件，选择"背景"图层，按快捷键Ctrl+J复制得到"图层1"图层。切换到"通道"面板，依次观察"红""绿""蓝"3个通道中花瓣与背景的对比效果，如图7-80～图7-82所示。

"红"通道　　　　　　　　　　　"绿"通道　　　　　　　　　　　"蓝"通道

图 7-80　　　　　　　　　　　图 7-81　　　　　　　　　　　图 7-82

02 观察后发现，"红"通道下花瓣与背景的对比最强，因此复制"红"通道，如图7-83所示。使用"矩形选框工具" ⬚ 把远离樱花的背景框起来，并填充为黑色，如图7-84所示。

图 7-83　　　　　　　　　　　图 7-84

03 执行"图像>应用图像"菜单命令，设置"模式"为"正片叠底"，增强黑白对比，如图7-85所示。

04 按快捷键Ctrl+L打开"色阶"对话框，激活"设置黑场"按钮后在背景处多次单击，直到将背景彻底变黑，如图7-86所示。

图 7-85　　　　　　　　　　　图 7-86

05 激活"设置白场"按钮后在花瓣处单击多次，最终将花瓣变成白色，如图7-87所示。

06 载入通道选区，切换回"图层"面板，创建图层蒙版。在"图层1"图层下方新建图层，并将其填充为纯色，如图7-88所示。

图 7-87   图 7-88

07 再次利用通道抠取樱花枝干。选择"图层1"图层，按快捷键Ctrl+J复制一层图层，并删除图层蒙版，如图7-89所示。

08 切换到"通道"面板，再次观察各通道中樱花枝干与背景的对比，发现"蓝"通道下枝干与背景对比最明显，因此复制一份"蓝"通道，如图7-90和图7-91所示。

图 7-89   图 7-90   图 7-91

09 使用"矩形选框工具"框选上部背景区域，将其填充为白色，如图7-92所示。执行"图像>应用图像"菜单命令，设置"模式"为"正片叠底"，增强枝干与背景的对比，如图7-93所示。

图 7-92   图 7-93

10 按快捷键Ctrl+L打开"色阶"对话框，激活"设置白场"按钮后在背景处多次单击取样，直到将其变成白色，如图7-94所示。再次执行"色阶"命令，并将中间调滑块向右拖曳（或者使用"设置黑场"功能），将枝干变黑，如图7-95所示。

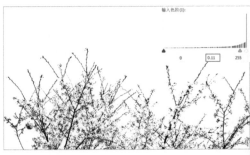

图 7-94   图 7-95

11 载入通道选区，切换回"图层"面板，按住Alt键创建图层蒙版，如图7-96所示。此时抠图基本已经完成了，仔细放大后发现，枝干上还残留了些许原背景的蓝色，在新背景中显得很不自然，如图7-97所示。

图 7-96   图 7-97

12 按I键切换至"吸管工具" 🖋，拾取枝干原本的颜色（棕黑色）作为前景色，然后新建图层（"图层3"），并填充前景色，如图7-98所示。修改"图层3"图层的混合模式，将其由"正常"模式改为"颜色"模式，如图7-99所示。

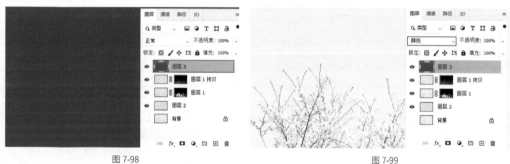

图 7-98   图 7-99

13 可以看到"图层3"图层不仅作用于枝干，而且同时作用于花瓣和新背景，这显然不是我们想要的，我们只想让它作用于"图层1 拷贝"图层。此时在按住Alt键的同时将鼠标指针移动到"图层3"图层与"图层1 拷贝"图层之间，当鼠标指针由🖑变成↙□时，单击创建剪贴蒙版，如图7-100所示。

14 创建了剪贴蒙版后，枝干边缘偏蓝的问题就解决了，如图7-101所示。本案例借助通道分两次抠取主体对象（花瓣、枝干），最终成功将樱花抠取出来，效果如图7-102所示。

图 7-100

图 7-101   图 7-102

案例训练：使用"钢笔工具"与通道抠取酒杯

素材文件	素材文件>CH07>酒杯.jpg、桌面背景.jpg
实例文件	实例文件>CH07>案例训练：使用"钢笔工具"和通道抠取酒杯.psd
视频文件	案例训练：使用"钢笔工具"和通道抠取酒杯.mp4
技术掌握	掌握通道抠图技法

本例的原图和效果如图7-103～图7-105所示。

图 7-103

图 7-104

图 7-105

思路分析

请读者在操作过程中注意以下3个要点。

第1个：这是一张红酒摄影图，主体对象是装有红酒的酒杯、醒酒器，背景是深灰色的桌面。

第2个：本案例中主体对象较多，如果按照红酒所在的容器进行划分，可将主体对象分为4个部分，即醒酒器与其中的红酒、露在空气中的红酒、酒杯，以及酒杯中的红酒；如果按照对象的不透明度来划分，可分为两个部分，即不透明的红酒，以及半透明的盛酒器和酒杯。

第3个：从抠图的角度来看，显然按照对象的不透明度划分更合理，所以本案例的抠图过程就分成两个大的模块：红酒与酒杯和盛酒容器，如图7-106所示。红酒可认为是完全不透明的，所以可以使用"钢笔工具" ⟋ 抠取；酒杯和盛酒容器都是半透明对象，可以借助通道抠取。

图 7-106

操作步骤

01 打开"酒杯.jpg"素材文件，选择"背景"图层，按快捷键Ctrl+J复制得到"图层1"图层。选择"钢笔工具" ⟋，沿主体对象轮廓边缘绘制路径，绘制好的路径如图7-107所示。

02 绘制完毕后，在"路径"面板中双击"工作路径"，将其转化为永久路径并保存为"路径1"。单击"路径"面板的空白处，退出当前路径，沿红酒的边缘再次绘制路径，如图7-108所示。

图 7-107

图 7-108

03 绘制完毕后，将其保存为"路径2"，此时的路径及"路径"面板如图7-109所示。

技巧提示

第2段路径的绘制为什么看上去这么随意？如果读者看得仔细会发现，对于容器外部的酒，路径绘制得很随意；但是对于容器内部的酒，路径绘制得相当精确。之所以这么做，完全是为了提升效率，因为绘制的第1段路径已经完全贴合容器边缘了，所以在绘制第2段路径时，容器边缘部分就不用再精确绘制了，后期只需要利用选区的"相交"运算，就可以轻松选出红酒。

04 路径绘制完毕，代表前期的准备工作完成，接下来要利用这两段路径生成红酒的选区。在按住Ctrl键的同时单击"路径1"的缩略图，载入"路径1"的选区，接着在按住Ctrl键、Shift键和Alt键（3键同时按下）的同时单击"路径2"的缩略图，让两个选区进行"相交"运算，此时红酒的选区就生成了，如图7-110所示。

图 7-109

图 7-110

05 切换到"图层"面板，为当前选区创建图层蒙版，红酒就被抠取出来了，如图7-111所示，将其保存为"红酒.psd"文件。

06 打开"桌面背景.jpg"素材文件，并将其拖曳到"红酒.psd"文档中，置于底层，如图7-112所示。

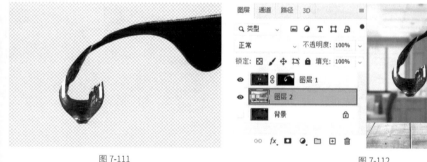

图 7-111

图 7-112

07 选择"图层1"图层，按快捷键Ctrl+J复制图层，并删除图层蒙版，如图7-113所示。

08 切换至"通道"面板，复制一份"红"通道，如图7-114所示。载入"路径1"的选区，按快捷键Ctrl+Shift+I反选后填充黑色，如图7-115所示。

图 7-113

图 7-114

图 7-115

09 使用"套索工具" ⌀创建包含醒酒器和酒杯杯身部分的选区，如图7-116所示。执行"图像>应用图像"菜单命令，设置"模式"为"正片叠底"，效果如图7-117所示。

图 7-116　　　　　　　　　　　　　　　　图 7-117

💡 技巧提示

　　为什么要如此操作？因为如果全局使用"应用图像"命令，会导致酒杯的杯柄细节太少，看起来不真实，所以这里仅对除杯柄外的其他部分使用"应用图像"命令。

10 载入通道选区，切换回"图层"面板，创建图层蒙版，如图7-118所示。

11 可以看到，使用通道抠取的酒杯和醒酒器，很好地保留了半透明效果。但是有一点小瑕疵：酒杯和醒酒器整体偏灰，显得有点"脏"。此时选择"图层1 拷贝"图层，在其上方新建"图层3"图层，将混合模式设置为"叠加"模式，为其填充白色，并创建为剪贴蒙版，如图7-119所示。有了"图层3"图层，整个酒杯看起来就干净了许多，如图7-120所示。

图 7-118　　　　　　　　　　图 7-119　　　　　　　　　　图 7-120

　　至此，本案例就全部结束了，利用通道抠取半透明物体与利用图层的叠加模式为酒杯上色是本案例的两个重要知识点。最终的抠图效果如图7-121所示。

图 7-121

案例训练：使用"主体"命令和通道抠取夏日古镇美女

素材文件	素材文件>CH07>夏日古镇美女.jpg
实例文件	实例文件>CH07>案例训练：使用"主体"命令和通道抠取夏日古镇美女.psd
视频文件	案例训练：使用"主体"命令和通道抠取夏日古镇美女.mp4
技术掌握	掌握通道抠图技法

本例的原图和抠图效果如图7-122～图7-124所示。

图 7-122

图 7-123

图 7-124

思路分析

请读者在操作过程中注意以下4个要点。

第1点： 这是一张夏日古镇美女摄影图，主体对象是长发飘飘的美女，背景是虚化的古镇小路。

第2点： 人物类抠图最难处理的就是头发部分，在本案例中，美女的长发处于较暗的树木背景之下，非常难处理，如图7-125所示。

第3点： 头发边缘还有很多细小杂乱的零碎发丝，这部分发丝极难处理，有了当然是锦上添花，没有也无伤大雅，如图7-126所示。出于对抠图时间、效率的考量，建议直接放弃这部分发丝。

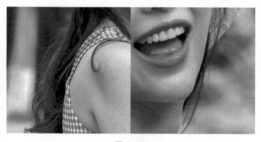
图 7-125

图 7-126

第4点： 虽然通道是处理头发的一把好手，但是在本案例中，头发所处的背景比较复杂，另外头发丝有明有暗，所以要分多次抠取，总的来说比较烦琐。在这种情况下，我们不妨尝试一下"选择>主体"菜单命令，借助智能算法减轻工作量，对于"选择>主体"菜单命令无法胜任的部分，再考虑使用通道。

操作步骤

01 打开"夏日古镇美女.jpg"素材文件，选择"背景"图层，按快捷键Ctrl+J复制得到"图层1"图层；选择"图层1"图层，执行"选择>主体"菜单命令，智能生成选区，如图7-127所示。

图 7-127

02 为选区创建图层蒙版，并在"图层1"图层下方新建图层，将其填充为白色，如图7-128所示，可见识别还是相当准确的，但是也有一些瑕疵。人物右侧及背后的头发处理得相当不错，只是靠近帽子处的头发颜色有点浅，人物左侧的头发夹杂着非常明显的绿色背景，因此这部分头发要用通道单独处理，如图7-129所示；对于除头发以外的其他部分，也有一些小瑕疵，主要是背景杂边的问题，如图7-130所示。

图 7-128

图 7-129

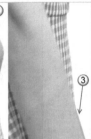

图 7-130

03 现在先修复图7-130所示的3个小瑕疵。对于帽子边缘的杂边，由于杂边与帽子并不是紧紧贴在一起的，因此可以使用黑色画笔在蒙版中涂抹，将其隐藏。

04 对于紧贴人物肩膀、手臂处的杂边，可以使用"最小值"滤镜将其隐藏。需要注意的是，不能对整个蒙版应用"最小值"滤镜。一旦对整个蒙版应用"最小值"滤镜，头发将被破坏，如图7-131所示。使用"套索工具" ⌒创建包含这两部分杂边的选区，然后对其应用半径为1px的"最小值"滤镜，即可将边缘杂边隐藏，如图7-132所示。

图 7-131

图 7-132

05 使用"画笔工具" ✎编辑蒙版，将人物左侧的头发隐藏，如图7-133所示。选择"图层1"图层，按快捷键Ctrl+J复制一层图层，并删除图层蒙版，如图7-134所示。

图 7-133

图 7-134

06 切换到"通道"面板,观察各个通道中头发与背景的对比,这里复制一份"绿"通道,如图7-135所示。

07 使用"套索工具" ○ 创建选区,框选住人物左侧的头发,反选并填充为白色,如图7-136所示。执行"图像>应用图像"菜单命令,设置"模式"为"滤色",如图7-137所示。

图 7-135 　　　　　　　图 7-136 　　　　　　　　　图 7-137

08 切换为"画笔工具" ✐,设置前景色为白色,"模式"设置为"叠加",降低画笔的"不透明度"至15%,然后使用画笔在背景区域反复涂抹,逐渐将背景变浅,与头发产生对比,如图7-138所示。

09 按快捷键Ctrl+L打开"色阶"对话框,激活"设置白场"按钮后在头发背景区域单击,将背景彻底变白,之后再次打开"色阶"对话框,向右拖曳中间调滑块,逐渐将头发变黑,如图7-139所示。

图 7-138 　　　　　　　　　　　图 7-139

10 载入通道选区,切换回"图层"面板,按住Alt键创建图层蒙版,此时人物左侧的头发就抠出来了,如图7-140所示。到这里,抠图基本就结束了,如果想追求更完美的效果,可以继续使用"画笔工具" ✐ 微调,这里就不过多叙述了,最终效果如图7-141所示。

图 7-140 　　　　　　　　　　　图 7-141

7.5 本章技术要点

本章为读者讲解了通道抠图技法，在通道抠图中有以下3个关键步骤。

选通道

抠图基于对比，主体对象与背景对比越强，抠图就越容易。在一张RGB模式的图像中，有"红""绿""蓝"3个颜色通道，我们需要做的就是反复观察这3个通道中的灰度图像，找出一个主体对象与背景对比最强的通道，将其复制一份。复制后的通道是Alpha通道，它只记录选区，并不会影响原图。

确定主体对象是黑色还是白色

确定主体对象是黑色还是白色这一步非常简单，但却不可忽视。在实际的抠图案例中，主体对象与背景的明暗变化是多种多样的。在灰度图像中，主体对象不一定非得是白色的，同理背景也不一定非得是黑色的。主体对象的明暗是相对的，要根据具体的抠图案例来决定，我们要做的就是顺势而为——若主体对象相对于背景区域偏白，那么我们就朝着把主体对象变白的方向调整。

把主体对象变白后，直接创建图层蒙版即可。把主体对象变黑后，在创建图层蒙版时，需要按住Alt键。

编辑通道

多数情况下，复制的通道中主体对象与背景的对比不够强，不能直接使用。在这种情况下，需要使用各种工具或命令来编辑通道中的灰度图像，人为地增强对比。按照抠图的前后流程，编辑通道依次会使用"套索工具"、"应用图像"命令、"画笔工具"、"加深工具"与"减淡工具"、"色阶"命令等。使用这些工具或命令，最终将灰度图像中的灰色剔除，只保留黑色和白色（对完全不透明的对象而言）。

除了掌握抠图的基本流程外，对抠图理念的理解也是重中之重。分多次抠取的抠图理念在这一章被运用得淋漓尽致。读者在实际抠图中，不要总想着一步就把所有的主体对象都抠出来，循序渐进、脚踏实地才是正道。在抠图中，平和的心态非常重要。

第 **8** 章

其他抠图技法

第3章到第7章依次为读者介绍了多种主流抠图技法，掌握了以上知识点，可应对日常生活中90%以上的抠图工作。不过，只掌握主流抠图技法是不够的，因为在抠图过程中难免会遇到一些比较特殊的案例，用主流的方法虽然也可以处理，但是稍显麻烦。此时采用一些比较冷门的抠图技法往往能达到"剑走偏锋，出奇制胜"的效果。本章为读者介绍调整图层、混合颜色带两个比较冷门的抠图技法，平时或许用得比较少，但是在特定情形下能为我们节省不少时间，提升抠图效率。

学习重点　　　　　　　　　　　　　　　　　　　　　　　　　　 Q

案例训练：使用调整图层抠取西瓜 /190

案例训练：对冰块和阴影进行抠图 /192

案例训练：使用混合颜色带抠图技法合成烟花夜景 /204

案例训练：使用"转换为智能对象"命令和滤镜合成闪电 /207

8.1 调整图层抠图技法

作为调节图像明暗、色调、饱和度的最佳手段，调整图层不仅在摄影领域应用广泛，在抠图领域也能看到它的身影，尤其是在抠取对象的阴影方面，调整图层有着巨大的优势。本节首先为读者介绍调整图层的概念、作用，接着介绍利用调整图层（阈值、色阶）抠取对象阴影的方法。本节主要内容的学习思路如图8-1所示。

图 8-1

8.1.1 Photoshop中的调整图层

在用Photoshop处理图片的过程中，我们经常会对图片进行明暗、色调、饱和度等方面的调整，以达到最佳的显示效果。对于上述需求，Photoshop提供了两种方式："图像"菜单中的调整命令和"图层"面板中的调整图层。

调整命令

在Photoshop中执行"图像>调整"菜单命令，在"调整"的级联菜单中包含了用于图像调整的所有命令，我们熟悉的"色相/饱和度""色阶"命令就在其中，如图8-2所示。使用这些命令可以很方便地对图像进行调整。

图 8-2

调整图层

除了使用菜单命令外，还可以借助"图层"面板，通过创建调整图层来实现对图像的调整。选择某图层，单击"图层"面板下方的"创建新的填充或调整图层"按钮，弹出的菜单如图8-3所示。

选择某一个调整图层命令后，系统会在当前图层上方新建一个对应的调整图层，同时会打开与之对应的"属性"面板，如图8-4所示。调整"属性"面板中的参数，就可以实现调整图像的目的。

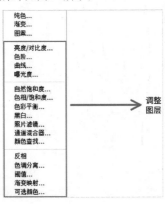

图 8-3

图 8-4

调整命令与调整图层的比较

虽然调整命令与调整图层都可以实现对图像的调整，但是二者还是有区别的，主要体现在以下两方面。

是否对原图像产生破坏

调整命令会对图像造成永久性的改变，而调整图层不会。图8-5所示为一幅向日葵摄影图，现在利用"调整"级联菜单下的"色相/饱和度"命令对其进行编辑，改变花瓣的颜色，得到图8-6所示的效果。

图 8-5

图 8-6

此时如果想回退到之前的效果，有两种办法。

第1种： 按快捷键Ctrl+Z撤销。这种方式比较有效，但是也仅限于执行调整命令后只进行了少部分操作的情况，一旦操作了很多步，使用"撤销"操作就相当棘手了。一方面在执行调整命令之后做的所有操作都将付诸东流，另一方面Photoshop能撤销的步数是有限的，所以通过"撤销"操作将图片恢复到初始状态不一定能成功。

第2种： 删除图层。使用这种方式的前提是在操作之前按快捷键Ctrl+J复制了一份原图层，操作是在复制的图层上进行的，将复制的图层删除，图像效果自然就恢复到原始状态了。注意，与"撤销"操作类似，删除图层后，在该图层上做的所有操作也会被一并删除。

通过上面的演示可知，调整命令虽然方便，但是它会对原图像产生不可逆的改变，因此在使用调整命令之前，最好先做备份，或者使用调整图层对图像进行编辑。同样以图8-5所示的素材为例，这次使用"色相/饱和度"调整图层进行编辑，只要参数与使用"色相/饱和度"命令时的保持一致，就能达到同样的效果，如图8-7所示。这种方式不会对原图产生任何影响，当需要恢复原始图像效果时，只需将调整图层删除即可，非常方便。

图 8-7

能否同时作用于多个图层

调整命令一次只能作用于一个图层，而调整图层可以同时作用于多个图层，更确切地说，在调整图层下方的所有图层，都是调整图层的作用对象。

观察图8-8所示的例子，有两个图层，分别对应着向日葵和夏日冰棍两幅图像。现在在"夏日冰棍"图层上方添加一个"色阶"调整图层，并设置参数使图像变暗，此时发现"向日葵""夏日冰棍"两个图层均受到"色阶"调整图层的影响，对应的图像同时变暗了，如图8-9所示。

图 8-8   图 8-9

同时作用于多个图层是调整图层的一大优势，但是在某些情况下我们希望调整图层只作用于它下方与之紧挨着的图层，此时可以将调整图层创建为目标图层的剪贴蒙版，如图8-10所示。

图 8-10

8.1.2 利用调整图层抠取阴影

介绍完调整图层的基本知识后，接下来介绍调整图层在抠图中的应用——抠取对象的阴影。在前面所有章节的抠图案例中，抠取的对象都是不带阴影的，但是在一小部分产品展示中，阴影的存在能够使图像合成更真实。图8-11所示为一张炫酷跑车场景图，图8-12和图8-13所示分别是不带阴影、带阴影的抠图效果，从抠图效果可以看出，阴影的存在使汽车更真实，也更容易进行后期的图像合成。

图 8-11   图 8-12   图 8-13

利用调整图层抠取阴影的流程

接下来就以图8-11所示的图片为例，为读者介绍利用调整图层（阈值、色阶）抠取阴影的一般流程。

抠取不带阴影的主体对象

第1步： 在Photoshop中打开图8-11所示的图片，选择"背景"图层，按快捷键Ctrl+J复制一层。

第2步： 利用之前所学的抠图技法，把不带阴影的汽车抠出来，如图8-14所示。

第3步：在主体对象下方新建图层，将其填充为白色，并且使用"最小值""中间值"滤镜编辑蒙版，进一步完善细节，如图8-15所示。

图 8-14

图 8-15

利用"阈值""色阶"调整图层抠取阴影

第1步：在按住Alt键的同时单击"背景"图层前面的眼睛图标，单独显示"背景"图层。选择"背景"图层，单击"创建新的填充或调整图层"按钮❷，在弹出的菜单中选择"阈值"命令，为"背景"图层创建一个"阈值"调整图层，如图8-16所示。

第2步：添加了"阈值1"调整图层后，图像变成了只有黑、白两色的灰度图像，如图8-17所示。

图 8-16

图 8-17

第3步：双击"阈值"调整图层的缩略图，在弹出的"属性"面板中进行参数调整，把"阈值色阶"的数值调到最大，此时图像中的黑色像素点最多，白色像素点最少，如图8-18和图8-19所示。

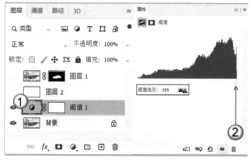

图 8-18

图 8-19

第4步：选择"背景"图层，为其添加一个"色阶"调整图层，需要注意的是，"色阶"调整图层必须在"阈值"调整图层下方，如图8-20所示。

第5步：双击"色阶"调整图层的缩略图，打开"属性"面板，将白色的高光滑块逐渐向左拖曳，此时灰度图像会发生变化：黑色逐渐褪去，白色逐渐显现。这里的目的是选取阴影，因此当显示出完整的汽车阴影时，停止拖曳高光滑块，效果如图8-21所示。

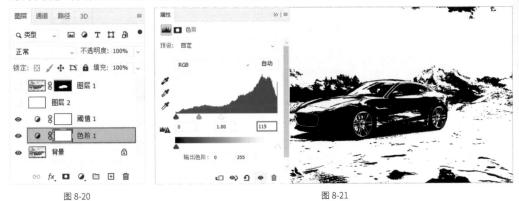

图 8-20 图 8-21

💡 **技巧提示**

在创建调整图层时，新创建的调整图层会出现在选中图层的上方。所以要先选择"背景"图层，这样创建的"色阶"调整图层就位于"背景"图层上方、"阈值"调整图层下方了。

第6步：此时"阈值"调整图层已经完成了它的任务，可以将其隐藏，也可以将其删除。没有了"阈值"调整图层，效果如图8-22所示。

图 8-22

第7步：切换到"通道"面板，在按住Ctrl键的同时单击"RGB"通道的缩略图，载入图像的高光选区，按快捷键Ctrl+Shift+I进行反选，得到图像的阴影选区，如图8-23所示。

第8步：在主体对象下方新建图层，并填充为黑色；隐藏"背景"图层、"色阶"调整图层，只显示主体对象、纯色背景、阴影图层，效果如图8-24所示。

图 8-23

图 8-24

去除多余的阴影

经过一系列的操作，汽车的阴影被抠取出来，但同时也包含了雪山的阴影，接下来需要利用"画笔工具"编辑蒙版，将多余的阴影隐藏，只保留主体对象（汽车）的阴影，如图8-25所示。

至此，整个汽车（主体对象+阴影）就抠出来了，从图8-25所示的效果可知，有了阴影的加持，汽车更为立体，在后续图像合成时也能获得更理想的效果。事实上，如果平时观察得仔细，会发现地铁、机场中的平面广告，凡是涉及汽车的，绝大多数都会带上阴影。

图 8-25

阴影抠图的常见问题

如果你是第1次接触上述抠取阴影的操作，可能你会心存疑惑：不知不觉就把阴影抠出来了，原理到底是怎么样的？其实笔者第1次接触时也是一脸疑惑，后来结合几个案例，自己又琢磨了一番，才算搞明白。所以借着这个机会，给读者解答一下以下4个问题。

抠阴影的原理是什么

所谓抠阴影，即创建暗部选区。在Photoshop的"通道"面板中，按住Ctrl键的同时单击"RGB"通道的缩略图，可以载入图像的高光部分选区，有了高光选区，再反选，就可以得到暗部选区，即阴影。抠取阴影的所有操作，都是围绕这一点展开的。

"阈值"调整图层存在的意义是什么

纵观整个抠取阴影的过程，真正起作用的是"色阶"调整图层，我们做的核心操作是：向左拖曳白色高光滑块，使其数值变为115。在此过程中"阈值"调整图层起辅助作用，与数学证明题中的辅助线类似，如果没有辅助线，我们可能发现不了一些隐藏的几何关系。这里也一样，如果没有"阈值"调整图层，仅凭肉眼根本无法判断高光滑块拖曳到什么位置是最合适的。

读者如果还是不理解，可以亲自操作一下。"纸上得来终觉浅，绝知此事要躬行。"古人说得一点也没错。

"色阶"调整图层为什么要放在"阈值"调整图层的下方

实际操作后发现，当"色阶"调整图层在"阈值"调整图层的上方时，拖曳高光滑块没有任何效果，所以它必须在"阈值"调整图层的下方。

不用调整图层能否抠取阴影

如果理解了前面3个问题，那么你可能会问最后一个问题：既然核心是载入高光选区，那么能否不创建"阈值""色阶"调整图层，直接载入原图的高光选区，然后再转化为阴影选区？

对于一些背景简单的图像，可以这么做，但对于本演示案例，是不行的。如果不做处理直接载入原图的高光选区，那么生成的阴影如图8-26所示。可以看出，未经处理的阴影与周围的背景没有明显的分界线，所以用画笔编辑蒙版时全凭自己的感觉，用这种方式抠取阴影没有任何意义。

图 8-26

案例训练： 使用调整图层抠取西瓜

素材文件	素材文件>CH08>西瓜.jpg
实例文件	实例文件>CH08>案例训练：使用调整图层抠取西瓜.psd
视频文件	案例训练：使用调整图层抠取西瓜.mp4
技术掌握	掌握利用调整图层抠取阴影的方法

本例主要练习抠取有虚化背景和阴影的西瓜，原图和抠取效果如图8-27～图8-29所示。

图 8-27　　　　　　　　　　图 8-28　　　　　　　　　　图 8-29

思路分析

这里分析出了以下3个操作要点。

第1个： 这是一张夏日西瓜摄影图，主体对象是3片西瓜，背景是浅色的桌布。

第2个： 根据虚化程度，可以将3片西瓜分为两类：最前面的那片西瓜没有虚化，边缘非常清晰；后面的两片西瓜有一定的虚化。因此，可以分两次来抠取这3片西瓜。

第3个： 本案例中的西瓜是有阴影的，为了使抠图更真实，所以要抠取阴影。另外，本案例中西瓜的阴影并不是黑色的，而是更接近瓜皮的深绿色，抠图的时候要注意。

操作步骤

01 打开"西瓜.jpg"素材文件，选择"背景"图层，按快捷键Ctrl+J复制得到"图层1"图层，执行"选择>主体"菜单命令，让Photoshop智能判断图像中的主体对象并创建选区，如图8-30所示。同时，为当前选区创建图层蒙版，如图8-31所示。

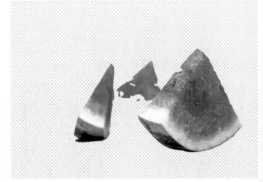

图 8-30　　　　　　　　　　　　　　　　　　　　图 8-31

02 可以看出，没有虚化的西瓜被完全选中了，其他两片西瓜则有残缺。这里索性把虚化的两片西瓜完全隐藏，之后再利用其他工具单独选择。这里使用黑色的画笔编辑蒙版，将虚化的两片西瓜隐藏，在"图层1"图层下方新建图层，并将其填充为白色，效果如图8-32所示。

03 选择"图层1"图层，
按快捷键Ctrl+J复制得
到"图层1 拷贝"图层，
并删除图层蒙版，如图
8-33所示。

图 8-32

图 8-33

04 切换为"钢笔工具"，沿两片虚化的西瓜边缘绘制路径，绘制好的路径如图8-34所示。载入路径
选区，创建图层蒙版，效果如图8-35所示。

图 8-34

图 8-35

05 用"钢笔工具"抠取的西瓜边缘太硬，丝毫没有虚化的效果，因此需要借助"高斯模糊"滤镜为
这两片西瓜的边缘添加一定的羽化效果。选择"图层1 拷贝"图层的蒙版，执行"滤镜>模糊>高斯模
糊"菜单命令，在弹出的对话框中设置模糊"半径"为5px，此时两片西瓜的边缘出现羽化效果，显得更
自然了，如图8-36所示。

06 在按住Alt键的同时单击"背景"图层的眼睛图标，只显示"背景"图层。添加一个"阈值"调整图层，
并且在"属性"面板中将"阈值色阶"调到最大，效果如图8-37所示。

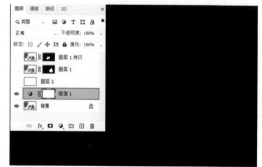

图 8-36

图 8-37

07 选择"背景"图层，添加一个"色阶"调整图层，在其"属性"面板中拖曳高光滑块至合适的位置，
使西瓜的阴影完全显现，如图8-38所示。

08 此时，"阈值"调整图层的任务已经完成，可以将其隐藏或删除，此时的图像效果如图8-39所示。

图 8-38

图 8-39

09 关闭"色阶"调整图层，用"吸管工具" 🖊 拾取西瓜阴影的颜色（深绿色），再打开"色阶"调整图层，切换到"通道"面板，按住Ctrl键的同时单击"RGB"通道，载入图像的高光选区，按快捷键Ctrl+Shift+I，将选区反选，如图8-40所示。

图 8-40

10 在"图层2"图层上方新建图层，并填充前景色（深绿色），此时的效果如图8-41所示。

11 目前抠取的阴影有点多，所以为该图层创建图层蒙版。使用黑色画笔涂抹，将左上角处多余的阴影涂抹掉。至此，本案例就全部结束了，最终的效果如图8-42所示。

图 8-41

图 8-42

案例训练：对冰块和阴影进行抠图

素材文件	素材文件>CH08>夏日冰橙.jpg
实例文件	实例文件>CH08>案例训练：对冰块和阴影进行抠图.psd
视频文件	案例训练：对冰块和阴影进行抠图.mp4
技术掌握	掌握对冰块、阴影抠图的技法

本例的抠图涉及冰块这个重点对象，原图和抠图效果如图8-43～图8-45所示。

图 8-43

图 8-44

图 8-45

思路分析

　　本案例是橙子和冰块的摄影图,主体对象是橙子和冰块,背景是清爽的青蓝色。由于背景是大面积的纯色,会给人一种抠图比较简单的错觉,其实本案例中的半透明冰块和阴影的抠取非常难。根据主体对象的特点,可将整个抠图过程分成以下4个部分。

　　第1个: 橙子。

　　第2个: 冰块(高光部分)。

　　第3个: 冰块(阴影部分)。

　　第4个: 橙子和冰块的阴影。

　　这里之所以将冰块分成了两部分,是因为后期要对这两部分单独上色。建议读者把这个案例做完,再回过头看思路分析,就会有比较深刻的印象。

操作步骤

01 打开"夏日冰橙.jpg"素材文件,选择"背景"图层,按快捷键Ctrl+J复制得到"图层1"图层,并将其重命名为"橙子",如图8-46所示。

02 切换到"对象选择工具"　,设置模式为"套索",沿橙子边缘创建选区,之后Photoshop会智能地识别选区内的主体对象并将其选中,如图8-47和图8-48所示。

| 图 8-46 | 图 8-47 | 图 8-48 |

💡 技巧提示

　　对于比较简单的抠图,可以不重命名图层,但是本案例涉及的图层比较多,为了便于管理,同时使抠图的逻辑清晰,建议读者及时命名。

03 生成橙子的选区后,创建图层蒙版,并在橙子图层下方新建图层,重命名为"背景",将其填充为纯色,如图8-49所示。

04 可以看出,橙子中心处仍有一部分残留背景未被去除,对于这部分背景,可以使用"色彩范围"命令将其选中。选择"橙子"图层,执行"选择>色彩范围"菜单命令,拾取橙子中心处的背景色作为基准色,通过调整"颜色容差"的数值,将橙子中心的背景区域全部变白,如图8-50所示。

| 图 8-49 | 图 8-50 |

05 确认后生成选区，选择"橙子"图层的蒙版，将其填充为黑色后隐藏，如图8-51所示。

06 橙子外部和内部边缘均有背景杂边，所以选择蒙版，应用一个1px的"最小值"滤镜，即可完美隐藏杂边，如图8-52所示。

图 8-51

图 8-52

07 选择"橙子"图层，按快捷键Ctrl+J复制图层，并将其重命名为"冰块_亮部"，删除图层蒙版，如图8-53所示。

08 切换到"通道"面板，观察各个通道中冰块与背景的对比，这里复制一份"红"通道，如图8-54所示。

图 8-53

图 8-54

09 切换到"套索工具"，设置布尔运算为"添加到选区"，依次创建3个选区，将冰块选中，如图8-55所示。按快捷键Ctrl+Shift+I反选选区，并填充为黑色，如图8-56所示。

图 8-55

图 8-56

10 执行"图像>应用图像"菜单命令，在弹出的对话框中设置混合模式为"正片叠底"，进一步增强冰块亮部区域与背景的对比，如图8-57所示。

11 将前景色设置为黑色，使用"叠加"模式的画笔涂抹，逐渐将冰块周围的背景变暗，如图8-58所示。

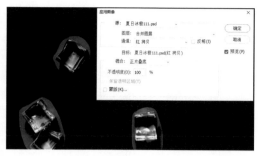
图 8-57

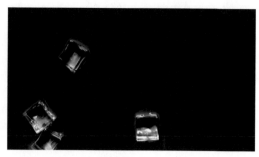
图 8-58

12 按快捷键Ctrl+L打开"色阶"对话框，激活"设置黑场"按钮后在背景区域单击，将背景变成黑色，如图8-59所示。

13 再次执行"色阶"命令，这次将中间调滑块向左拖曳，适当提亮冰块的高光区域，如图8-60所示。

图 8-59

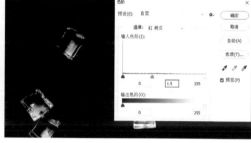
图 8-60

14 载入通道选区，切换回"图层"面板，创建图层蒙版，如图8-61所示。

15 此时的冰块看起来有点"脏"，这是因为在选取冰块的同时，不可避免地将背景色也选择了，所以要为冰块重新上色。选择"冰块_亮部"图层，在其上方新建图层，填充为白色，并创建剪贴蒙版，经过上色操作后，冰块明显纯净了许多，如图8-62所示。

图 8-61

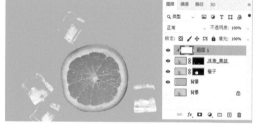
图 8-62

16 选择"冰块_亮部"图层，按快捷键Ctrl+J复制图层，并重命名为"冰块_暗部"，将其置于顶层，并删除图层蒙版，如图8-63所示。

17 切换到"通道"面板，观察冰块暗部与背景的对比情况，这里复制一份"绿"通道，如图8-64所示。

图 8-63

图 8-64

18 使用"套索工具" ♀ 创建选区，将冰块选中，之后反选，并将其填充为白色，如图8-65所示。执行"图像>应用图像"菜单命令，设置混合模式为"正片叠底"，如图8-66所示。

图 8-65

图 8-66

19 将前景色设置为白色，使用"叠加"模式的画笔涂抹，逐渐将背景区域变浅，如图8-67所示。

20 按快捷键Ctrl+L打开"色阶"对话框，使用"设置白场"功能将背景彻底变白，如图8-68所示。

图 8-67

图 8-68

21 载入通道选区，切换回"图层"面板，按住Alt键创建图层蒙版，如图8-69所示。

22 冰块暗部的颜色也不对，因此需要为其上色。选择"冰块_暗部"图层，在其上方新建图层，填充为与背景色相近的颜色，并创建剪贴蒙版，如图8-70所示。

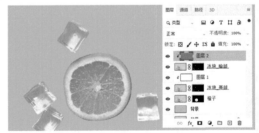

图 8-69

图 8-70

23 借助"图层2"图层为冰块的暗部上色，如果觉得颜色不够暗，可以为"图层2"图层添加"色阶"调整图层，将颜色调暗，如图8-71所示。

24 选择"冰块_暗部"图层，按快捷键Ctrl+J复制图层，并重命名为"阴影"，删除图层蒙版，将"阴影"图层置于主体对象的下方，纯色背景的上方，如图8-72所示。

💡 **技巧提示**

　　经过上述步骤，主体对象全部抠取了出来，接下来就是要选取主体对象的阴影。利用本章讲解的调整图层抠取的阴影效果并不好，这次可以利用"色彩范围"命令抠取阴影。抠图套路并不是一成不变的，当你把某个技法彻底掌握时，就可以融会贯通，灵活运用了。

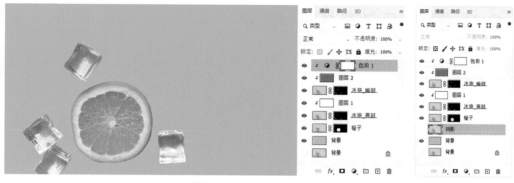

图 8-71 图 8-72

25 在按住Alt键的同时单击"阴影"图层的眼睛图标，单独显示该层。执行"选择>色彩范围"命令，打开"色彩范围"对话框，拾取背景色（青蓝色）作为基准色，通过调整"颜色容差"滑块，将主体对象的阴影选中，如图8-73所示。生成选区，按住Alt键创建图层蒙版，如图8-74所示。

图 8-73

图 8-74

26 阴影的颜色与新背景不匹配，因此需要重新上色。选择"阴影"图层，在其上方新建图层，填充为与新背景相同的颜色，并创建剪贴蒙版，如图8-75所示。

27 为"图层3"图层创建一个"色阶"调整图层，向右拖曳中间调滑块，深色的阴影就会逐渐显示，如图8-76所示。

28 主体对象之外的小水珠是不需要的，所以可以借助黑色的画笔编辑蒙版，将其隐藏，至此，本案例就全部结束了，最终效果如图8-77所示。

图 8-75

图 8-76

图 8-77

8.2 混合颜色带抠图技法

烟花、闪电、火焰等对象作为装饰点缀性质的小元素，在图像合成中经常使用。本书的第1章也提到，透明背景的PNG图像并不是终点，抠图的最终目的是图像合成。本节所要介绍的混合颜色带就是一种将抠图与合成合二为一的技法，对于处理像烟花、闪电、火焰这类装饰小元素，混合颜色带抠图技法有着天然的优势。本节主要内容的学习思路如图8-78所示。

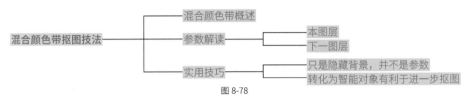

图 8-78

8.2.1 混合颜色带概述

在介绍混合颜色带之前，必须先介绍图层样式。众所周知，图层是Photoshop的核心概念，几乎所有的操作都围绕图层展开，图层样式就是依附在图层之上，使图层呈现出各种效果的手段或方法。如果把图层比喻为人的骨架，那么图层样式就是人的血肉、毛发。图层样式必须作用于图层之上，而图层因图层样式的加持变得更加丰满。

鼠绘是图层样式应用的极致体现，图8-79所示为笔者的鼠绘作品，临摹自"开心消消乐"这款游戏，每个动物的质感，绝大部分都出自图层样式之"手"。图8-80所示展示了应用图层样式前后的效果对比，通过这组对比图，相信读者对图层样式已经有了一个较为深刻的印象。

图 8-79

图 8-80

混合颜色带是图层样式的一部分，在Photoshop中，双击图层右侧的空白区域，就可以打开"图层样式"对话框，在"图层样式"对话框中单击"混合选项"选项，最底部就会出现"混合颜色带"区域，如图8-81和图8-82所示。

图 8-81

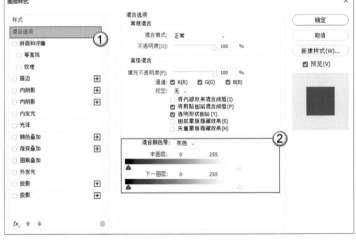

图 8-82

8.2.2 参数解读

从图8-82可知,"混合颜色带"的参数分为3部分:颜色通道、本图层和下一图层。接下来就对这3个部分进行详细解读。

颜色通道

在"混合颜色带"下拉列表框中可以选择控制混合效果的颜色通道,如图8-83所示。其中,"灰色"选项表示使用全部颜色通道控制混合效果;选择其他通道后,Photoshop会依据当前设置的通道颜色信息来确定参与混合的像素,在实际抠图中,一般使用"灰色"选项。

图 8-83

"本图层"和"下一图层"

"混合颜色带"区域还包含了两组混合滑块,"本图层"滑块和"下一图层"滑块,它们分别用来控制当前图层和下一图层在最终的图像中显示的像素,如图8-84所示。这两组滑块可实现以下两个效果。

第1个: 移动混合滑块可根据图像的亮度范围快速创建透明区域。

第2个: 每个滑块还可以一分为二,用于定义部分混合像素的范围,从而在混合区域和非混合区域之间产生平滑的过渡效果。

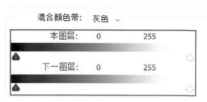

图 8-84

本图层(负责隐藏)

本图层指的是当前操作的图层,拖曳"本图层"的滑块,可隐藏当前图层中的图像。图8-85所示是一张吉他摄影图,用Photoshop将其打开,在它上面新建图层,用"渐变工具" 创建一个"黑白渐变"图层,此时由于"黑白渐变"图层完全覆盖了"吉他"图层,因此文档窗口中的图像效果如图8-86所示。下面介绍两个操作情况。

图 8-85

图 8-86

第1个: 将黑色滑块向中间拖曳时,当前图层中色调较暗的像素会逐渐变为透明。

选择"黑白渐变"图层,双击图层的空白处,打开"图层样式"对话框,向右拖曳"混合颜色带"区域"本图层"中的黑色滑块,会发现"黑白渐变"图层中较暗的像素逐渐变成透明,从而使下面"吉他"图层的像素得以显现。如果将黑色滑块的数值设为X,那么"黑白渐变"图层中所有亮度低于X的像素,都将被隐藏。当X为128时,得到图8-87所示的效果。

从图8-87所示的效果可以看出，"黑白渐变"图层透明与不透明之间的边界很明显，显示效果有点硬，如何模糊这个边界呢？在按住Alt键的同时单击黑色滑块，可以将其一分为二，拖曳两个小的黑色滑块，使其间距拉大，就可以模糊透明与不透明的分界线，形成羽化效果，如图8-88和图8-89所示。

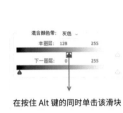

在按住 Alt 键的同时单击该滑块

图 8-87　　　　　　　　　　　图 8-88　　　　　　　　　　　图 8-89

第2个：将白色滑块向中间拖曳时，当前图层中色调较亮的像素会逐渐变为透明。

理解了"本图层"中的黑色滑块后，自然也就理解了白色滑块。如果将白色滑块的拖曳到X处，那么"黑白渐变"图层中所有亮度高于X的像素，都将被隐藏。当X为128时，效果如图8-90所示。与黑色滑块类似，在按住Alt键的同时单击白色滑块，也可以将其一分为二，通过调整两个白色滑块的间距，可以调节透明像素与不透明像素之间的羽化效果，这里不再赘述。

图 8-90

下一图层（负责显示）

下一图层指的是位于当前图层下面的那一个图层，移动"下一图层"滑块可以逐渐显示下一图层中的图像。这里也从两个方面来解释。

第1个：将黑色滑块向中间拖曳时，可以逐渐显示下面图层中较暗的像素。

还是以图8-85和图8-86为例，仍然选择"黑白渐变"图层。双击图层的空白处，打开"图层样式"对话框，向右拖曳"混合颜色带"区域"下一图层"中的黑色滑块，在拖曳的过程中会发现，"吉他"图层中较暗的像素正逐渐显示出来。如果将黑色滑块拖曳至X处，表示下一图层中亮度值低于X的像素将透过当前的图层显示出来。当X为128时，效果如图8-91所示。

同理，直接拖曳黑色滑块得到的效果有些硬，如果想使边界柔和，可以在按住Alt键的同时单击黑色滑块，将其一分为二，两个黑色滑块的距离越大，边缘的羽化效果越明显，如图8-92所示。

图 8-91　　　　　　　　　　　　　　　　图 8-92

第2个: 将白色滑块向中间拖曳时,可以逐渐显示下一图层中较暗的像素。

"下一图层"中白色滑块的作用效果与黑色滑块的类似,将白色滑块向左拖曳,在拖曳的过程中,"吉他"图层中较亮的像素会逐渐显示出来。如果将白色滑块拖至X处,表示下一图层中亮度值高于X的像素将透过当前的图层显示出来。当X为128时,效果如图8-93所示。与黑色滑块一样,在按住Alt键的同时单击白色滑块,可以将其一分为二,调整白色滑块之间的间隔,可以调节边缘的羽化效果,这里不再赘述。

图 8-93

8.2.3 实用技巧

介绍完混合颜色带的原理和基本操作后,接下来为读者介绍在使用混合颜色带时应注意的两个事项与具体的使用方法。

对于像素的处理是隐藏而不是删除

利用混合颜色带可以使本图层中的部分像素变透明,但是通过混合颜色带所表现出的透明只是图层样式的体现。换句话说,这些透明区域所对应的像素并不是被删除了,而是被隐藏了,对于这一点,图层的缩略图就是最好的证明。下面以图8-94所示的瑜伽美女摄影图为例,介绍利用混合颜色带进行抠图的相关步骤。

第1步: 选择"背景"图层,按快捷键Ctrl+J复制图层,得到"图层1"图层,接着在"图层1"图层下方新建图层,并填充为纯色,如图8-95所示。

图 8-94   图 8-95

第2步: 选择"图层1"图层,双击"图层1"图层的空白处,打开"图层样式"对话框。由于主体对象所处的背景大部分是浅色的窗户和窗帘,所以向左拖曳"本图层"中的白色滑块,将主体对象周围的背景隐藏,如图8-96所示。

图 8-96

第3步： 将白色滑块调整至合适的位置后，在按住Alt键的同时单击白色滑块将其断开，微调使边缘变得柔和，如图8-97所示。

🔘 **技巧提示**

"混合颜色带"中的滑块拖曳到哪里才算合适呢？

其实在前几章就提到过，对于抠图，重点是主体对象与背景接触的边缘部分，只要边缘确定出来，内部区域就可以很轻松地利用蒙版和"画笔工具"搞定。所以在图8-97中，为能够精准选取主体对象的边缘，牺牲了主体对象内部的一些区域，事实证明这样的结果是完全可以接受的。

图 8-97

第4步： 从图8-97所示的效果可以看出，混合颜色带并没有完美地将主体对象全部抠取出来。主要体现在两方面：主体对象内部有一些区域被隐藏了；主体对象外部的一些背景区域没有被完全去除。通过前面几章的学习，读者应该很清楚接下来要利用"画笔工具"编辑蒙版，将主体对象丢失的部分找回来，将背景区域未消除的部分去除掉。接下来为"图层1"图层创建蒙版，如图8-98所示。

第5步： 创建图层蒙版后，使用白色画笔编辑蒙版，在主体对象内部涂抹，将未显示的区域显示出来。但是在涂抹的过程中我们发现无论怎么涂抹，图像都不会有任何的变化，如图8-99所示。

图 8-98

图 8-99

第6步： 这是因为混合颜色带所表现出来的透明区域，只是一种外在表现，原图并未遭到任何破坏，这一点从图层缩略图就能看出来。删除添加的图层蒙版，仔细观察"图层1"图层的缩略图，缩略图显示的是一幅完整的图像，如图8-100所示。

第7步： 在按住Ctrl键的同时单击"图层1"图层的缩略图，载入"图层1"图层的选区，会发现"图层1"图层的选区就是整个文档窗口的矩形选区，如图8-101所示。这再次证实了第6步中的结论。

图 8-100

图 8-101

第8步： "图层1"图层经过混合颜色带处理后，其右侧会有一个专属的小标记，如图8-102所示。

第9步： 既然混合颜色带所表现出来的透明区域是一种外在表现，那么可以推测：只要把"混合颜色带"的滑块复原，图像就可以恢复为初始状态。事实确实如此，只需要双击"图层1"图层的空白处，打开"图层样式"对话框，把"混合颜色带"的滑块复原，图像就恢复为初始状态。不过这种办法有点烦琐，其实有更快的方式将图像复原：直接右击"图层1"图层，在弹出的快捷菜单中选择"清除图层样式"命令，如图8-103所示。

图 8-102　　　　　　　　图 8-103

与"智能对象"相结合，才能发挥其威力

虽然混合颜色带可以很方便地将背景隐藏，但是那只是一种外在表现，无法与蒙版和"画笔工具"进一步结合，因此限制了它在抠图领域的应用。基于此，寻求一种将应用了混合颜色带的图层转化为普通图层的方法就至关重要，而"智能对象"就可以完美解决这个问题。紧跟混合颜色带调整完成的步骤，继续操作。

第1步： 右击"图层1"图层，在弹出的快捷菜单中选择"转换为智能对象"命令，将"图层1"图层转换为智能对象，如图8-104所示。

第2步： 此时我们发现，"图层1"图层的缩略图发生了明显变化：原本显示整张图像的缩略图，现在有大面积的透明栅格区域。转换为智能对象后，如果看不清缩略图的变化，可以再次右击"图层1"图层，选择"栅格化图层"命令，将智能图层转换为普通图层，如图8-105所示。

图 8-104　　　　　　　　图 8-105

第3步： 在按住Ctrl键的同时单击"图层1"图层的缩略图，载入"图层1"图层的选区，会发现此时的选区正好对应着混合颜色带的显示结果，这进一步验证了第2步的结论，如图8-106所示。

第4步： 借助"智能对象"，成功地把混合颜色带的外在表现转化为内在表现。到了这一步，能否借助蒙版、画笔把主体人物内部缺失的部分显示出来呢？再次为"图层1"图层创建蒙版，并用白色画笔在主体人物内部涂抹，可以发现不管怎么涂抹，图像依旧没有任何变化，如图8-107所示。

图 8-106

将"图层1"图层转换为智能对象后，用"画笔工具"编辑蒙版依旧没有任何效果

图 8-107

第5步： 这是因为将应用了混合颜色带的图层转换为智能对象后，原图会被破坏，原来的透明区域只是外在表现，转换为智能对象后，这些像素被彻底删除了。此时的"图层1"图层变成了一张残缺不

全的图像，如图8-108所示，使用蒙版就不可能把原来没有的像素还原。因此，在这种情况下，使用蒙版和"画笔工具"依旧达不到抠图的效果。

第6步：难道说，费尽周折将图层转换为智能对象后，没有任何效果？其实不然，之前使用图层样式时，载入的选区是整个文档窗口的矩形选区，而转换为智能对象后，就变成只包含主体对象的选区了，因此这一步很重要。选择"背景"图层，按快捷键Ctrl+J复制图层，得到"背景 拷贝"图层，将其置于顶层，如图8-109所示。

 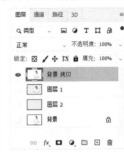

图8-108   图8-109

第7步：在按住Ctrl键的同时单击"图层1"图层的缩略图，载入"图层1"图层的选区。然后选择"背景 拷贝"图层，为其创建图层蒙版，如图8-110所示。

第8步：再次使用白色画笔编辑蒙版，就可以顺利地将主体人物显示，将背景隐藏，最终完成抠图，如图8-111所示。

图8-110   图8-111

💿 **技巧提示**

通过本例的练习，想必读者已经知道，要想使用"混合颜色带"抠图，将带有图层样式的图层转换为智能对象是必不可少的操作。通过转换，原本整个文档窗口的选区变成了只包含主体对象的选区，就可以与之前学习过的蒙版结合，达到抠图的目的。

案例训练：使用混合颜色带抠图技法合成烟花夜景

素材文件	素材文件>CH08>烟花1.jpg、烟花2.jpg、游乐园夜景.jpg
实例文件	实例文件>CH08>案例训练：使用混合颜色带抠图技法合成烟花夜景.psd
视频文件	案例训练：使用混合颜色带抠图技法合成烟花夜景.mp4
技术掌握	掌握混合颜色带抠图技法

本例主要实现将烟花素材抠取出来，然后合成到游乐园夜景中，用于丰富夜景效果，如图8-112～图8-115所示。

图 8-112

图 8-113

图 8-114

图 8-115

思路分析

本例的核心需求是给游乐园的夜空添加烟花。这个需求可分为以下两个步骤来完成。

第1个： 把烟花抠取出来。

第2个： 把抠取的烟花放到新背景中。

学习了混合颜色带后，可以把这两个步骤合二为一。在处理烟花的过程中，将分别使用"本图层""下一图层"这两个知识点。

操作步骤

01 打开"游乐园夜景.jpg"素材文件，在按住Alt键的同时双击"背景"图层，将其转化为普通图层，如图8-116所示，将其重命名为"游乐园"。

02 打开"烟花1.jpg"素材文件，将其拖到"游乐园夜景.jpg"文档中。按快捷键Ctrl+T，激活自由变换控制框，调整烟花图片的大小，并将"烟花1"放置到左上角的位置处，如图8-117所示。此时图层的位置关系如图8-118所示。

图 8-116

图 8-117

图 8-118

03 选择"烟花1"图层，双击图层右侧的空白区域，打开"图层样式"对话框，向右拖曳"本图层"中的黑色滑块到合适的位置，将黑色背景全部去除，同时"烟花1"完整保留，如图8-119所示。

04 此时"烟花1"已经处理完毕，接下来处理"烟花2"。打开"烟花2.jpg"素材文件，将其拖曳到"游乐园夜景.jpg"文档中，同样使用自由变换控制框调整"烟花2"的大小和位置，如图8-120所示。此时的图层位置关系如图8-121所示。

图 8-119

图 8-120

图 8-121

◉ 技巧提示

此时如果对"烟花2"图层使用混合颜色带，通过调节"本图层"的黑色滑块，一样可以去除背景，达到合成的目的。

05 因为"本图层"负责隐藏，"下一图层"负责显示，所以把"烟花2"图层移动到"游乐园"图层下方，如图8-122所示。

06 "烟花2"图层处于最底层，它被"游乐园"图层完全遮住了，因此处于完全不可见的状态，如图8-123所示。

图 8-122

图 8-123

07 选择"游乐园"图层，双击图层右侧的空白处，打开"图层样式"对话框，调整"下一图层"的白色滑块至合适的位置，将"烟花2"完全显示，同时隐藏背景，如图8-124所示。

◉ 技巧提示

相信读者已经对混合颜色带中的"本图层"和"下一图层"有了进一步的认识。至此，本案例就全部结束了，最终合成效果如图8-125所示。

图 8-124

图 8-125

案例训练：使用"转换为智能对象"命令和滤镜合成闪电

素材文件	素材文件>CH08>闪电.jpg、阴雨天.jpg
实例文件	实例文件>CH08>案例训练：使用"转换为智能对象"命令和滤镜合成闪电.psd
视频文件	视频文件>CH08>案例训练：使用"转换为智能对象"命令和滤镜合成闪电.mp4
技术掌握	掌握混合颜色带抠图技法

本例主要练习将一个素材中的闪电抠取到另一个素材中进行合成，原图、素材图和最终合成效果如图8-126~图8-128所示。

图 8-126

图 8-127

图 8-128

思路分析

本例有以下两个操作重点。

第1个：与烟花类似，闪电也是图像合成中经常见到的装饰元素，也可以通过混合颜色带处理。

第2个：与上个案例中烟花的纯黑背景不同，本案例中的背景不仅有蓝紫色的天空，还有城市夜景，所以处理难度稍微大一点。因此只用混合颜色带无法完成，需要结合"转换为智能对象"命令、滤镜、"画笔工具" ✎共同完成图像合成。

操作步骤

01 在Photoshop中打开"阴雨天.jpg"素材文件和"闪电.jpg"素材文件，将"闪电.jpg"图片拖曳到"阴雨天.jpg"图片中，按快捷键Ctrl+T激活自由变换控制框，调整闪电图片位置和大小，如图8-129所示。此时的图层位置如图8-130所示。

02 选择"闪电"图层，双击图层右侧空白处，打开"图层样式"对话框，向右拖曳"本图层"的黑色滑块，隐藏"闪电"图层较暗的像素，使闪电被抠取出来，如图8-131所示。

03 可以看出，通过混合颜色带成功地将闪电抠出，但是闪电下方的城市却依然残留。右击"闪电"图层，在弹出的快捷菜单中选择"转换为智能对象"命令，并创建图层蒙版，如图8-132所示。

图 8-129

图 8-130

图 8-131

图 8-132

04 使用黑色画笔编辑蒙版，将闪电下方的城市涂抹掉，最终只保留闪电，如图8-133所示。至此，本案例全部结束，最终合成效果如图8-134所示。

图 8-133

图 8-134

8.3 本章技术要点

本章为读者介绍了两类平时比较少见的抠图情景，一类是阴影，另一类是烟花、闪电等装饰元素。

阴影

抠取对象的阴影需要使用到"阈值""色阶"两个调整图层。起决定性作用的是"色阶"调整图层，最终生成的高光选区，就是载入的"色阶"调整图层调节之后的图像。但是"色阶"滑块调节的位置取决于"阈值"调整图层。因此在抠取对象阴影的过程中，这两个调整图层相互依存，缺一不可。

烟花、闪电等装饰元素

在图像合成中如果要处理烟花、闪电等装饰元素，使用混合颜色带再合适不过。调节"本图层"或"下一图层"中的滑块，就可以达到隐藏或显示指定像素的目的。如果遇到背景比较复杂的情况，还可以与智能对象蒙版、画笔工具"✐等结合，以完成最终的图像合成。